DAKEXUEJIA JIANG DE XIAOGUSHI
WUJIN DE ZHUIWEN

王淦昌◎著

无尽的追问

大科学家
讲的
小故事

U0325424

湖南少年儿童出版社

写在前面的话

　　每当我在马路边的空地散步，看到一群群小学生、中学生走过，一种责任感就在我的心中油然而生。少年儿童是祖国的未来，我们应该尽力多做一些工作，把工作做得更好些，为他们创造更好的生活、学习条件。

　　湖南少年儿童出版社准备出版《大科学家讲的小故事》丛书，要我写一本，这是为少年儿童做的一件好事，我应该应承。要说科学家，我可以算一个；要加上个"大"字，变成"大科学家"就不敢当了。我是做了一些工作，那是应该的。做科学研究工作的人，是没有什么8小时工作制的，我早晨醒来，脑子里就开始想研究工作，不断考虑一些新问题。要不断地探索，不断地追求，研究工作才能进展，科学才能发展。不过话又说回来，讲点小故事，还是可以的，因为我毕竟在人生的道路上走

过了几十年，经历过许多事情，可以把我想过的、做过的、为之奋斗过的一些事情讲给小朋友们听。使我感到为难的是，我还有些研究工作要做，而写一本书可不比参加一次少年儿童的活动。一本书总得几万字吧，我实在是心有余而力不足了。由于汤振华同志的帮助，总算是可以交卷了，完成了出版社给的任务，但愿对小读者能有点帮助。

最后，还要说明一点：因为写的都是过去的事情，几十年前的事情，可能有记得不准确的地方，欢迎批评指正。

王淦昌

1997年9月

contents 目录

做一个像岳飞那样的人

　　我出生在江苏省常熟县东南的枫塘湾，那是一个只有十几户人家的小村子。我的父亲王以仁是个中医，几十年勤勤恳恳行医，刻苦钻研医术，在当地很有名气。他工作很忙，经常外出为周围村镇居民治病，常熟县城里也有一些人来请他去诊治一些疑难病，到我家来求医的人就更多了。所以，那时候我家生活比较富裕。

　　父亲的前妻生了三个女儿，两个女儿出嫁后，她就生病去世了。父亲为三女儿招了个女婿，三女婿到王家后就改姓王，叫王舜昌，成了王家老大。他跟父亲学医，父亲待他像亲生儿子一样。在旧社会，人们都说"不孝有三，无后为大"。父亲很希望自己能有个儿子续王家香火。后来，他又娶了邻村一位年轻姑娘，指望她能为王家生个儿子。这个年轻姑娘就是我母亲，叫宗秀宝。

　　母亲嫁过来几年，没有生孩子，感到很有压力，也很着急。她和父亲商量，领养了一个儿子，给他起名叫王弋昌，排行老二。说来也奇怪，过了一年多，母亲竟怀孕了。1907年阴历四月十七日，她生下了王家唯一的亲生儿子，就是我。我排行老三。

这时父亲已是花甲之年，老来得子，别提多高兴了。我满月那天，他专门为我办酒席，请亲戚朋友来喝喜酒。他说母亲为王家立了功。

母亲在王家的地位提高了许多，我更是成了父亲的掌上明珠。只要有空，他总把我抱在怀里，逗我玩，和我说话。当我咿呀咿呀学语的时候，他高兴得逢人就说："我的小儿子会跟我说话啦！"然而，好景不长，我还不满4岁，父亲就不幸病逝，永远地离开了我们。

父亲去世后，大哥继承父业，像父亲一样当医生，给病人看病；同时也做些药材生意。母亲操持全家生活。母亲读过私塾，是个有文化的妇女，很有见地，会待人处事，和邻里相处都很好。她很爱我。我小时候身体比较瘦弱，胆子也小，使她操了不少心。父亲不在了，有这样一个母亲，我感到幸福。我也爱她，常常跟在她身旁，帮她做一些事情。人们都说我像个女孩子，很乖。

外婆也喜欢我。外婆不识字，但是通情达理，肚子里装着许多故事，什么"铡美案"呀，"五鼠闹东京"呀，还有"杜十娘""岳飞"等等，都是她听戏学来的。我总是缠着外婆给我讲故事。我从小就把外婆排在母亲后面，母亲第一好，外婆第二好。

外婆常对我说："岳飞是南宋抗金名将。在抗击敌寇的战斗中，他屡建奇功。后来被卖国求荣的秦桧杀害。你要像岳飞那样，胸怀大志，精忠报国。"外婆的话我一直记在心里。

我6岁时，有一天，母亲把我叫到身边，对我说："本来应该早一点让你去读书，只是你身体太弱，我怕读书累坏了你。现在你长大些了，身体也好些了，就跟先生读书去吧。明天我领你去见先生好不好？"我早就羡慕那些在私塾读书的小朋友了，盼望自己也能和他们一样。听了母亲的话我真开心，连忙说："好，好，明天就去读书。"

在私塾读书的有十多个孩子，先生叫龚兆林。那时候清朝已经被推翻，可他还留着一条长辫子，学生们都怕他。那天，母亲给我穿了一身新衣裳，领我到私塾，让我向先生鞠了个躬，就算入学了。

头一年，先生教我念《三字经》《百家姓》……第二年教《论语》《孟子》……先生念一句，就要我们自己念一句，直到会背诵。如果背不出来，就会被打手心。除了念书，我还要练写毛笔字，先学"描红"。我背书写字都很认真，所以没有挨过打，每次先生都夸我书读得很好。

我在私塾念了两年书。8岁的时候，母亲听说太仓县沙溪镇有一所新式的洋学堂，她想洋学堂一定比私塾好。看我这样聪明肯学，她想送我到洋学堂去多学点东西。可是想到沙溪镇离家有十来里路，不能每天回家，让我一个幼小的孩子在外面上学，生活自理，又实在放心不下，何况路上还有土匪出没。

她到父亲灵位前祈祷，求父亲保佑我平安，这样才觉得安心一点。她去和大哥商量，大哥很赞成我到洋学堂去上学。我听到这个消息，当然高兴。可是当母亲送我到沙溪小学，把我在学校的吃住都安排好，叮嘱我一些生活上要注意的事情时，我听着听着眼泪就掉下来了。

我舍不得母亲，我从来没有离开过家、离开过母亲呀！现在母亲就要离开我，让我自己留在学校里，我心里直发慌。

母亲也在流泪。我知道母亲的心，她也舍不得我，她是为了我的前程着想啊。我暗下决心：一定要坚强，什么都不要怕，好好学习，考出好的成绩，让母亲高兴。

刚开始一段时间，我总感到不习惯，很想母亲。特别是晚上睡觉的时候，我会想母亲在家里做什么。母亲为了让我尽快习惯学校的生活，不让我每个星期日回去，只让我一个月回一次家。

每次来人接我回去时，我总嫌坐小木船走水路太慢，都是走旱路回家，这样可以早一点见到母亲。

学校的饭菜，我觉得比家里的还好吃，和同学们在一起吃饭无拘无束很开心。特别是学校的课程，我感到很新鲜、有趣，有学不完的东西。

我是从一年级读起，国语课（就是现在的小学语文课）学的内容和私塾差不多，有些课文在私塾里已经学过了，学起来比较轻松。而算术课（现在叫数学课）在私塾里没有，所以学起来觉得很新鲜，我对它产生了很大的兴趣。那些算术题好像是有趣的游戏，我都用心去做；乘法口诀，我倒背如流。我爱上了算术课。还有美术课、体育课我都喜欢。这和在私塾里整天跟着先生念书、背书相比，真是有趣多了。

我在沙溪小学学习成绩一直很好。老师常常当着我的面，向大哥、母亲夸奖我聪明，学习用功、做事认真，是个好学生。我在旁边听了总是不好意思地低下头。

我在沙溪小学还参加过一次反帝反封建的游行，这也是我第一次参加爱国活动。

你们知道吗，第一次世界大战中，一些国家分成了两个大集团，一方是英国、美国等组成的协约国，另一方是德国和奥地利等组成的同盟国，大战结束，协约国战胜了同盟国。1919年1月，在法国巴黎召开了所谓的和平会议，实际上是协约国方面的英、美、法、意、日五个帝国主义国家的分赃会议。中国是协约国的成员之一，也算是战胜国，照理应当把原来德国控制的山东归还给中国，可是巴黎和会却决定把德国在山东的一切特权都划给日本，而北洋军阀政府竟然准备签字同意，这不是卖国吗！

消息传到国内，全国人民都愤怒了。1919年5月4日，北京的几千名爱国学生在天安门前集会，反对巴黎和会的决定，反对军阀政府的卖国行动。他们高呼着"外争国权，内惩国贼"等口号，上街游行。在东单，怒火燃烧的学生们火烧了卖国贼曹汝霖在赵家楼的住宅。军阀政府对爱国学生进行镇压，各地的爱国学生纷纷起来声援。

"五四"爱国学生反帝反军阀政府的斗争，很快得到全国各地工人和人民群众的支持，罢工、罢市接连不断。小小的沙溪镇也不平静了，沙溪小学的老师们也积极行动起来，带领学生上街游行，宣传抵制日货，反对卖国贼。人们用赞许的目光看着我们。我举着小旗，走在游行队伍里，感到自豪，感到光荣。我们是在为国家兴亡呼喊、出力，所以受到大家的拥护。岳飞精忠报国，流芳百世；秦桧卖国求荣，遗臭万年，就是一个例子。我从小就想做一个像岳飞那样的人。

　　我虚岁14岁就结婚了，这在今天是不可能发生的事情，是违反婚姻法的。可是，在旧社会没有婚姻法，不讲婚姻自由，婚姻是由父母做主。不过那时14岁的小丈夫也不太多，那么，我为什么会那么早就结婚呢？

　　我读小学五年级的时候，母亲因为过度劳累，患肺病去世了，这对我是一个很大的打击，好像天一下子塌下来了，我失去了依靠。当人们把母亲的棺材抬去埋葬的时候，我趴在棺材上，哭着不让人抬走，谁拉我也不离开。我不能没有母亲呀，父亲母亲都走了，我不就成了孤儿。后来是外婆过来安慰我，劝导我，我绝望地扑在外婆怀里放声大哭。

　　母亲去世以后，家庭的情况也有了很大变化。本来家里的事由大哥做主，可是大哥既要行医，又要做生意，在家时间不多，二哥就成了二当家。

　　二哥一向认为母亲偏爱我，因而十分妒忌，这回他有了整治我的机会。二嫂很厉害，经常说些难听的话。有些人很势利，以前在母亲面前夸我，现在却不愿理睬我这个失去父母的孤儿了，甚至欺侮我。我很生气，也感到孤独。只有外婆疼爱我，每当节假日我从学校回家，外婆都来照顾我，外婆成了我的依靠。

我14岁的时候，有一天，外婆对我说，你妈不在了，没有人照顾你，我想给你娶个媳妇，在家里可以照顾你的生活，你也算有个自己的家了。那时候，只知道男人长大了都要娶媳妇，有自己的家，不明白媳妇的真正含义是什么，我又一向听外婆的话，既然外婆做主，为了让外婆放心，我也就乖乖地应从了。

媳妇叫吴月琴，识一些字，不大会写信。她到我家来以后，在生活上确实很关心我。尽管那时候我住校，很少回家，但每次回家都能感到家的温暖。后来，我跟远房的一个表兄崔雁冰到上海浦东中学读书。在中学里我不敢暴露自己在家里有

王淦昌与夫人在一起（1987年）

个由外婆包办的媳妇，怕同学们笑话我，也怕同学们知道了，会鼓动我退掉这种包办婚姻。我没有勇气退掉，因为这是外婆的安排。再说吴月琴对我不错，她在王家这个大家庭中勤勤恳恳，处处谨慎，和大家和睦相处，哥哥嫂嫂都喜欢她。

后来，我到北京上大学，出国留学，一门心思学习科学文化，以备将来报效祖国，也不想这个事情了。我很少顾家，她毫无怨言，一个人在乡下，带着孩子过着俭朴的生活。直到1936年，我到浙江大学任教，才把她和三个孩子从乡下接到杭州，一家人团圆。

从此以后，她一直带着孩子跟随着我。抗日战争时期，我们随着浙江大学西迁逃难，到了贵州湄潭县。虽然生活安定

王淦昌七口之家（1942年）

了，但很艰苦。她仍是一如既往，任劳任怨，承担了全部家务。

一个七口之家，全靠我一个人的收入维持生活。那时候，我虽然是一名教授，但战乱中薪水很低，物价又高，我们原来的一点积蓄和结婚时候的首饰，在杭州的时候都拿去捐献抗日了。要把这个家料理好真是太难为她了。她既要节省开支，又要给我和孩子们增加营养，所以就在住房后面的山坡上开荒种菜。她还养了一只羊，每天可以挤一点羊奶。

几十年来，她默默地把自己的一生都贡献给了这个家，使我能够全身心地投入到教学和科研中去，在工作中没有后顾之忧。当我们一家人团聚在一起的时候，儿女们常常这样对我说："爸爸，你不要忘了，你科学上的所有成就，都有妈妈的一份功劳。"我总是心服口服地回答说："知道的，妈妈（我也不自觉地随着孩子们叫妈妈了）一生辛苦了。"今年她已经93岁了，还在为这个家操劳，我很感激她。

刻苦读书的中学时代

　　1920年秋天，我小学毕业了。我还想继续读书，就拉着外婆，去找大哥商量。大哥知道我读书用功，成绩好，支持我继续读书。外婆就说让我跟表兄崔雁冰到上海浦东中学去读书，她说："有表兄关照，我们也就放心了。"

　　动身去上海之前，大哥又叮嘱我："目前家境不好，你在外面读书，一要节俭，不能乱花钱；二要用功读书，才不辜负家里辛苦供养你的一番心意。"大哥能让我到上海去上中学，我很领他的情。我也下决心，到中学一定好好读书，学好本领。

　　从我们家到上海，先要乘船，再转乘火车。这是我第一次坐火车，因为有表兄领着，所以不害怕。到了上海，乘上有轨电车，叮叮当当很好玩。这一路上，一切都感到新鲜，两只眼睛好像不够用。

　　到了浦东中学一看，这个学校真大！有中学还有小学。教学楼里除了教室还有实验室，校园中间是大礼堂，礼堂前面是运动场，后面是操场。操场上有游泳池、旱冰场。另外还有两个饭厅、两座学生宿舍。和沙溪小学相比，真是天壤之别！

浦东中学给我印象最深的是校门口的一尊铜像。铜像大理石的基座上刻着"杨公斯盛遗像"六个大字。杨斯盛就是这所学校的创始人。表兄给我讲了杨斯盛先生的故事。

杨先生是浦东人，从小就没有了父母，因为家里很穷，没有钱读书，13岁就到上海学做泥水匠。他聪明、勤奋，练了一身好手艺。他还讲义气，肯帮助人，在工友中很有威信，大家都信赖他。30多岁，他就承建了上海外滩的海关大楼。从这以后，他在上海就有了名气，生意从此兴旺起来。慢慢地他积蓄了一些钱。到老了，他回想起自己从小失学，没有文化，一生吃了许多苦头，就决定把积蓄的钱拿出来办学校，让贫苦的孩子也能进学校读书。

1904年，他委托黄炎培先生在他的家乡——上海浦东先建一所小学；1907年又建成中学。1908年，杨先生去世了，为了纪念他，大家捐款在校园里建了这座铜像。

我听了这个故事，非常感动，杨先生无私奉献的精神，深深地刻在了我的心间。我为自己能进这所学校读书感到庆幸，感到自豪。我也从内心感谢外婆、大哥，特别是表兄。

表兄崔雁冰是学校的教务主任兼英语教师，他领我拜见一些老师，安排我的食宿，嘱咐我要听从老师的教导，遵守校规，好好用功读书，各方面为我考虑得很周到，还叫我有困难就随时去找他。我一辈子也忘不了这份恩情。俗话说："师傅领进门，修行在个人。"当时我就想，表兄工作很忙，我绝不能给他找麻烦，自己一定要努力，取得好的成绩，为表兄增光。

杨斯盛先生不仅办起了这所学校，还为学校立下了校训，就是"勤、朴、诚"三个字。全校师生遵循这条校训，培养起良好的校风、学风。同学们勤奋好学，朴实无华。星期天除了上街买书和学习用品，很少有人到上海市区去玩耍，都在学校里读书。

我学习也很刻苦，用4年时间学完了中学全部课程，成绩优秀。尤其是英文和数学，在那时打下了坚实的基础。教我英文的先后有两位老师，第一位身体不大好，教了一年就不教了；第二位老师叫严琬滋，他教得非常好，在课堂上常常要我们用英语回答问题，并且要求同学之间用英语互相对话，所以我们的英文进步很快。

我最喜欢数学课，教数学的周培老师曾经在国外留过学，吸收了外国的一些教学方法，讲课灵活，不面面俱到。他鼓励我们自学，让我们多做练习。学校里有数学小组，我们班几个爱好数学的同学，也自动组成了一个自学小组，周老师很支持我们小组的活动，经常出一些课本上没有的题让我们练习。

有一次，他出了一道几何题，我想了几天都没有解出来，心里很着急。后来偶然受到一个动作的启发，想出了答案，不用说有多高兴。我马上跑去找周老师，一口气说出了解这道题的方法。老师听了笑了，他拍着我的肩说："只要有锲而不舍的精神，再难的题目都能解决。"这句话在我的脑子里刻下了深深的印记，几十年都没有忘记，每逢遇到困难的时候，我就想起周老师的这句话，马上就有了信心。在周老师的指导下，中学毕业时，我们自学小组已经学完了大学一年级的课程——微积分。学好微积分很重要，这为我后来搞科研打下了基础。

在浦东中学4年，我生活上很艰苦。母亲不在了，花钱得向大哥要。大哥每学期为我付清学校的学费和住宿费，伙食费和零花钱是定期给的。因为行医和生意上的事情，大哥经常来上海。我没有钱了，就去找他。他对我要求很严格，就怕我在上海染上一些坏习气，乱花钱，所以，每次都只给我一点点钱。我在学校里吃饭只能按最低水平，零花钱除了用来买一些必需的用品，一点零食也不敢买。有一次看见同学们买小月饼吃，我也想买点来尝尝，可是摸摸口袋，空的，只好走开了。不过这样对我也有好处，使我意志得到了锻炼，能够吃苦耐劳；也逼着我学会了在生活上精打细算，培养了艰苦奋斗的作风。这样看，穷苦并不是坏事，问题是我们怎样去面对它。你们说是不是这样呢？

浦东中学重视体育，在历届省运动会上成绩都是名列前茅的。我从小身体瘦弱，在重视体育运动的环境中，不锻炼也不行。首先，体育课总是要上的吧，各项运动都得按规定训练，课间操、课外活动也要参加。运动场上各种体育器械都有，还有旱冰场、游泳池，很吸引人。所以，在中学里，我的身体逐渐强健起来，并且培养起对体育运动的兴趣。一直到今天，我对一些体育活动还很有兴趣，每天早晨都进行适当的体育活动。我的身体健康，应当归功于浦东中学，还有清华大学。这些学校重视体育，培养了我坚持体育锻炼的习惯。

回想起来，在浦东中学4年，也是打基础的4年。在青少年时期形成的一些好的习惯、思想作风，以及学习方法等，对以后的学习、工作都起着重要作用。中学时代在人的一生中是一个十分重要的阶段，希望青少年朋友要珍惜自己的青少年时代，把握住这个重要阶段，在身体、学习、思想作风等各方面打下好的基础。

　　1924年，我高中毕业。在高中我最喜欢数学和英语课。毕业后，我进过一所私人办的英文专修学校，只读了一学期，学校因为经费困难停办了。上哪儿去呢？我从报纸上看到汽车学校招生，学制半年，就去报名了。其实我并不喜欢开汽车，这只是权宜之计，不管怎么说，开车也是一门技术，不至于没有事情做嘛！

　　在这个学校里学习很苦。我个子瘦小，干起活来感到吃力。管我们的人很凶，学生们稍不小心就会挨打、受骂。尽管我处处小心，还是常常被他骂，总算没有挨打。

　　就在1925年，上海发生了震惊全国的"五卅"惨案，各界纷纷起来反对帝国主义的暴行。我们汽车学校的全体学生，也参加了这一反帝爱国运动。

　　一天，我们上街游行，我抱着一捆传单，一路走，一路散发，被一个巡捕抓住了。那个印度巡捕力气很大，用一只大手死死地钳住我的两只手，我连挣扎的力气都使不出来，只得由他押着走。后来，我用英语向他宣传："我是为祖国的命运而斗争，你却为侵略者效劳，如果这事发生在你的祖国，你能抓自己的同胞吗？"他没有再说什么，或许是我的行动感动了他，走到一个偏僻的地方，他的大手松开了，挥手叫我快走，他自己就掉头走了。

就在这一年夏天，我报考了清华。

清华原来是留美预备学校，从1925年开始，设立大学部，招收一年级学生，向完全大学过渡。我去投考后，被录取为大学部的第一级生，后来改称为清华大学第一届学生。

那时候，我们国家对科学实验不重视，一般学校实验条件都很差。而清华重视科学实验，做实验的仪器设备也比较多，尤其是化学系的实验条件，在当时的清华可以说是最好的。我一进清华，就迷上了化学。

我在中学时期几乎没有接触过化学实验。一走进化学实验室，我马上就兴奋起来。石蕊试纸的颜色变化使我惊奇，更引起我做化学实验的兴趣；对于元素和化合物性质的各种实验，我都认真去做；化学元素周期表，我背得滚瓜烂熟。我觉得化学真

王淦昌（左）与同学在清华大学礼堂前旗杆下合影（1928年）

王淦昌在清华大学校园内（1928年）

是有意思。现在我也常常这样想，化学是很有意思的，如果有机会，我还想和别人合作做点化学方面的研究。

可是，物理系也很吸引人。物理系主任叶企孙是我国著名的实验物理学家，他1918年到美国留学，1921年攻读博士时期，和他的老师合作，测定了普朗克常数，这个数值，被国际物理学界一直沿用了十几年。1925年，清华开办四年制本科，就把叶先生请来了。不久，他就接替梅贻琦先生担任物理系主任。为了把物理系建设成国内教学与科学研究的一个重要基地，他请来了国内一批学术水平高的教师；同时积极筹备实验室、金工厂和有专门书刊的图书室，为开展科学研究创造条件。

物理学是一门基础学科，为了使学生打好基础，物理系对普通物理这一科很重视，教普通物理的教师，都是物理学大师。开始是叶先生亲自上普通物理课，后来是吴有训教授、萨本栋教授。

叶先生讲课从来不照本宣科，常常是结合课程内容，介绍一些国外的最新研究成果。他把一些基本概念讲得很清楚，重要的地方总是不厌其烦地重复讲解，直到大家都听懂。我们都爱听他讲课，他对我们的学习情况也很关心。有一次，他专门找我谈话，了解我的学习情况，还问我对物理课有什么意见，他告诉我，如果有问题随时可以去找他，这对我是很大的关怀和鼓励。由于叶先生对我亲自传授和指引，使我对实验物理产生了浓厚的兴趣，所以在一年后分科的时候，我没有进化学系，而是选择了物理系。

后来，吴有训先生到清华大学物理系当教授。不久，叶先生升任理学院院长，吴有训先生就担任物理系主任。吴有训先生也是一位著名的实验物理学家，他于1921年到美国芝加哥大学，跟康普顿教授从事物理研究。1923年，他参加了康普顿效应的实验研究，后来又独立地写了两篇论文，用准确的实验结果，验证了康普顿效应，因此，国内外有的物理教科书上，把康普顿效应称作康普顿—吴有训效应。吴有训先生知道后，总是谦虚地谢绝这种称法。

吴有训先生给我们讲授的近代物理学，内容很新颖，大部分是近代重要的物理实验和结果，例如：密立根的油滴实验，汤姆逊的抛物线离子谱，汤生的气体

王淦昌在清华大学校园内（1928年）

1930年的王淦昌（时年23岁）

放电研究，卢瑟福的 α 粒子散射实验，等等。听他讲课不仅增长知识，还常常觉得是一种享受。他讲课嗓门大，备课充分，选择的材料都很精炼。他还善于引导学生自学或者个人推导，去掌握一些近代物理的理论基础。

我清楚地记得吴有训先生开始授课刚刚一个月，就举行一次小考。他出了一道题："假定光是由称为'光子'的微粒组成，那么，当一个'光子'入射到一个静止的电子上而被散射到另一个方向时，它们的能量将如何变化？"那个时候，学生都是第一次听到"光子"这个陌生的名词，但是，根据启发诱导，大部分同学都推导出了正确的答案，吴有训先生很满意。在下一节上课的时候，吴有训先生告诉大家，这个光子被电子散射的问题，就是"康普顿效应"，这个问题是康普顿教授发现的。

吴有训先生在美国芝加哥大学留学的时候，就掌握了超群的实验技能。有时同学的X射线管坏了，就来求吴有训先生帮助修复。他在清华大学，总是亲手制作实验仪器。他也常常教导我们要锻炼动手的本领，他说："实验物理的学习，要从使用螺丝刀开始。"他开了"实验技术"的选修课，手把手地教大家如何掌握烧玻璃的火候和吹玻璃的技术；还要求物理系的学生选修一些工学院的课，如制图、车工、钳工工艺、电工学、化学热力学等。

我国著名核物理学家钱三强先生曾就读于清华大学。他于1937年到法国巴黎大学居里实验室，跟约里奥·居里夫妇做原子核物理研究。有一天，约里奥先生问钱三强："你会不会金工？"钱三强毫不犹豫地回答道："会一点。"由于他在清华大学物理系学习期间，选修过"金工实习"课，学过吹玻璃的技术，这一下正好用上了。简单的实验设备和放射化学用的玻璃仪器，钱三强一般都能自己动手做。钱三强说，由于受到吴有训先生的教育，敢于动手，这对他一生都有重要意义。

在大学的最后一学期，吴有训先生让我独立完成一项实验工作，以实验报告为毕业论文。这个实验的题目是"测量清华园周围氡气的强度及每天的变化"。为了选择简便的实验方法，吴有训先生带领我查阅了大量的参考资料，建立了实验装

周恩来接见李政道，第三排右四为王淦昌，前排左一为钱学森，左四为吴有训（1972年，照片为局部）

置。

　　当时最困难的是要有一台现成的、不花钱的高压电源。根据一位实验员建议，我们把一台放在那儿不用的静电发生器改造成了高压电源。就这样修旧利废，不到一个月的时间，一切都安排就绪，开始了数据记录工作。这项工作烦琐，比较艰苦，也需要敏捷、熟练的技巧。我不管刮风下雨，每天都认真地进行测量、记录，一直坚持了四个多月，成功地完成了这项实验工作，写出了毕业论文，吴有训先生很满意。毕业后，吴有训先生把我留下来当助教。

　　叶企孙先生和吴有训先生是中国近代物理学的先驱，是我的物理学启蒙老师。在他们的言传身教和指引下，我走上了物理学研究的道路。我能在工作中取得成绩，也是和他们的教导、在大学时打下的坚实基础分不开的。

　　我深深地爱上了物理学，后来我成了大学物理教师、物理系主任，也像尊敬的老师那样爱护学生，培养提高他们进行实验研究的本领，培养他们对物理学的热爱。我总是对新入学的学生们这样说："物理学是一门很美的科学，大至宇宙，小至基本粒子，都是她研究的对象。她寻求其中的规律，这是十分有趣味的，你们选择了一个很好的专业。"现在，我也这样对你们——亲爱的小读者们说：物理学是一门很美的科学，有趣极了。

在叶企孙先生和吴有训先生的鼓励下，1930年我考取了江苏省官费留学生，被分配去德国柏林大学，做迈特纳的研究生。迈特纳是柏林大学第一位女教授，也是很有名的实验物理学家。爱因斯坦认为"她的天赋高于居里夫人"。

我在德国留学4年（1930—1934），这4年正是现代物理学史上的黄金时代，新的理论、新的发现一个接着一个。

1929年，狄拉克预言存在正电子。狄拉克是英国的数学物理学家，他在研究中得到一些方程，表明电子应该是具有两种不同电荷的粒子，一种为正，一种为负。我们已经知道电子带负电荷，按照狄拉克的理论，他认为应该存在一种和电子相似的带正电荷的粒子。

1930年，奥地利物理学家泡利提出中微子假说。物理学家发现，铀（一种放射性元素）和别的放射性物质发射三种射线：第一种能被负电极吸引，穿透力不强，叫 α（阿尔法）射线；第二种射线能被正电极吸引，穿透力比较强，叫 β（贝塔）射线，就是汤姆逊证实的电子射线；第三种射线穿透力最强，叫 γ（伽马）射线。

1914年，英国物理学家查德威克发现，α 射线、γ 射线的能量是一个一个分立的，而 β 射线的能量是从小到大连续分布的。为什么 β 射线是这种连续的能量谱呢？一些实验物理学家，还有我的老师迈特纳都在做 β 衰变实验方面的研究。这件事也引起了泡利的兴趣和关注，他通过研究发现，原子核在放射 β（电子）粒子时，电子的能量比预计的小了。于是，他在一封信

王淦昌（右）与戏剧家欧阳予倩在柏林（1932年）

中提出，当原子核发射出一个 β 粒子时，同时也伴随着发射出一个不带电、也不具有质量的粒子，就是这个粒子带走了丢失的能量，这就是中微子。

1932年，查德威克发现中子。同一年，美国物理学家安德逊在宇宙线中找到了正电子，证实了狄拉克的预言。

1933年，意大利人费米提出 β 衰变理论，在理论上肯定了中微子的存在。

1934年，约里奥·居里夫妇发现人工放射性。

这一系列的进展，在德国物理学界引起强烈的反响，对我也是很大鼓舞，我觉得物理学太有趣了，我更加爱我选择的专业。每一项新进展的消息传来，我都注意老师们的反应，倾听他们对这些新理论、新发现的看法，从而辨识当代物理学发展的新方向。

柏林大学在当时是世界科学研究的一个中心，我能到这

里学习，感到很幸运，这也是清华大学两位老师对我的培养。我常常想到我的祖国贫穷落后，需要我们学好本领，振兴祖国。

在德国我很想念自己的祖国，常回忆自己在国内的事情。我想起1926年3月18日，北平5000多名群众在天安门集会游行，反对英、美、日等八国政府提出的通牒，遭到段祺瑞政府军警的血腥镇压的情形。当时我们清华大学也有部分同学参加集会，我亲眼看到我的同学在我身旁中弹倒下。血淋淋的场面，使我看清了北洋军阀的反动卖国真面目，深深感到中国青年应该肩负起救国的重任。所以，我在德国抓紧一切时间和机会学习。

我就读的柏林大学威廉皇帝化学研究所放射物理研究室，是在柏林郊外的一个小镇上。这里环境很好，比较宁静，我除了到城内的校部去听课和听讲演外，其他时间都在郊外的课堂学习，或者在实验室做实验。我一进实验室就忘了时间，常常是工作到深夜，而实验室的大门晚上10时就锁上了，我常常翻围墙回宿舍。

1932年1月，我写出了一篇论文，题目是《关于RaE连续β射线谱的上限》，RaE就

王淦昌在德国（1932年）

留学德国时的王淦昌

是镭E，一种放射性元素。论文发表在德国《物理学》期刊第74卷上，这是我第一次在国际著名的学术期刊上发表自己的研究成果，我很高兴。1933年7月14日，我又在德国《科学》期刊上发表了一篇论文《γ射线的内光电效应》，这是和迈特纳老师合写的。我们用一个小的盖革—缪勒计数器，对在磁场中的ThB（钍B）+C+C″发出的若干β射线做了测量，这是解答当时一些科学家在γ射线的内光电效应的理论问题方面所做的工作。

我的博士论文题目是根据导师的提议选定的，题目是《ThB+C+C″的β谱》。实验研究工作从1931年冬季开始，一直到1933年10月。有一天，我在清华大学读书时的好朋友任之恭（现在是美籍物理学家）从美国到德国来看我，当时我正在实验室里吹制盖革计数管，由于我吹玻璃的本领学得还不到家，所以成功率不太高，弄得满地碎玻璃。任之恭看了，跟我开玩笑说："老弟，你准备开玻璃加工厂吧？"我真不好意思。不过，我确实是用自己吹制的盖革计数管，装配了盖革—缪勒计数器。我用自己制的仪器进行实验研究，这是从吴有训老师那里学来的本领。

到1933年12月9日，我写出了博士论文，并且顺利地通过了论文答辩。很快德国《物理学》期刊就把这篇论文发表了。

由于我认真地研究了以往科学家们测量射线强度时所用的实验方法的利弊，吸收了他们的基本思想，用自己的方法进行测量，所以得出的结果要精确得多。有人说，费米教授建立β衰变理论时，参考了我的一些测量数据。我想，可能我的论文对费米教授的工作有一定的参考价值，说他参考我的数据只是可能，不能肯定，因为没有得到费米教授本人的证实。

我在结束留学生活回国之前，曾经到英国、法国、荷兰、意大利等国旅行，访问了一些物理学大师。在英国，我访问了著名的剑桥大学卡文迪许实验室，会见了卢瑟福、查德威克和埃里斯等英国著名的物理学家；在意大利，我访问了罗马大学的费米小组，遗憾的是费米教授当时外出，没有见上面，错过了一次向费米教授当面请教的机会。

取得博士学位之后，我就决定回国。德国自从1933年希特勒篡夺政权以后，开始推行灭绝人性的法西斯专政，大规模迫害犹太人，整个德国笼罩在恐怖的气氛中，使人感到窒息。我的老师迈特纳是犹太人，她被剥夺了教书的权利，后来不得不逃亡瑞典。

我更加思念我的祖国和亲人。1931年"九一八"事变，日本侵略者侵占了我国东北三省，引起我深切的关注。我天天去

王淦昌在德国

看当天的报纸，已经没有心思继续埋头在书本中和实验室里了。

当时有人劝我说："科学是没有国界的，中国很落后，没有你需要的科学研究的条件，何必回去呢？"我对他们说："科学虽然没有国界，但是科学家是有祖国的，现在我的祖国正在遭受苦难，我要回到祖国去，为她服务。"

1934年4月，我乘轮船回到了灾难深重的祖国。

王淦昌在德国留学时摄于莱茵河畔的火车站（1933年9月16日）

我在柏林大学读研究生的时候，每周有一次物理讨论会，主讲的人都是德国一些著名的物理学家或刚毕业的博士生。每次讨论会我都去参加。通过这些讨论会，可以了解到物理学前沿的动态和一些最新发现，也可以学到一些新思想、新方法。

有两次讨论会是由科斯特斯主讲，他也是迈特纳老师的学生，可以说是我的师兄了。他介绍了德国物理学家博特和他的学生贝克在1930年做的一个实验。博特和贝克用 α 粒子轰击铍的原子核，结果产生穿透力很强的射线。他们把它解释为 γ 射线。我想：这么强的穿透力，需要很高的能量，γ 射线不可能有那么高的能量。

博特做这个实验用的探测器是计数器。计数器是德国物理学家盖革发现的。它是一个装着气体的圆筒，内装的中心的导线和外面的金属筒状箔片成为两个电极，其间加有很大的电压。如果有带电粒子进入圆筒，会使圆筒中的一些气体分子电离，产生的新离子以很高的能量向阴极运动，途中经过碰撞，再使另外一些原子电离。这样圆筒中的气体发生像滚雪球一样的电离过程，计数器会自动地为圆筒中的粒子事件计数。当时我产生一个想法：如果改用云雾室做探测器来做这个实验，可能会弄清楚这个穿透力强的射线的本性。

云雾室是英国物理学家威尔逊发明的，它的设计很巧妙，能够使我们"看见"带电粒子走过的轨迹。这种径迹探测器是怎样创造出来的呢？威尔逊是这样描写的："1894年，我在苏格兰最高的山峰本奈维斯山顶上的天文台住了几个星期，当太阳照耀在围绕着山顶的云层上的时候，出现了令人惊奇的光学现象。当时站在山顶上观察的人都有影子投在云雾上，影子周围是带颜色的光环。这大大地激发了我的兴趣，促使我在实验室中去模仿它们。"

从1895年开始，他就进行一些实验，使湿空气膨胀，制造云雾。经过10年的研究和不断改进，到1904年，威尔逊的云雾室已经达到完善的地步。这是一个一面有块厚玻璃的密封容器，里面充满空气，并且加入水蒸气或者酒精蒸气。如果使云雾室的体积突然膨胀，室内的温度骤然下降，就造成了过饱和状态。这时候，如果有带电粒子穿过云雾室内的气体，在它通过的路径上，就会引起气体分子电离，形成一条由小水珠或液滴组成的径迹。如果液滴足够大，人的肉眼就可以清楚地看见。用闪光照相机把它们拍摄下来，通过测量径迹的长度和液滴的密度，就可以知道粒子的质量和它的能量大小。

云雾室是研究核物理和高能物理的一种重要工具，1932年美国物理学家安德逊就是利用加了磁场的云雾室，发现了正电子。正电子是电子的反粒子，电子带负电，正电子带正电。正电子是科学家发现的第一个反粒子。1956年，我国在云南落雪山上建造了一个世界上最大的云雾室，那时候我曾经领导一个小组在山上进行观测，也得到不错的结果。这些都是后来的事情，这里就不再细说了。

回过头来讲我们的故事。我有了前面提到的想法，就去找我的导师迈特纳，建议用云雾室来研究博特所说的穿透力很强的射线。我一连提出了两次，迈特纳都没有同意我的请求，只好作罢。

1931年，约里奥·居里夫妇也来研究这个穿透力强的射线。但是他们并不是重复博特的实验，而是设计了一个电离

王淦昌（右）在德国留学时与老师叶企孙（中）在一起

室。电离室顶上有薄窗，上面可以放各种材料板，用来进行射线的吸收。通过实验，他们证实了射线的穿透力很强，并且推算出了射线的能量，此外，他们还意外地发现了从石蜡中打出的质子。根据实验可以推断，博特他们所说的γ射线，实际上是一种和质子一样重的电中性的粒子。但是，约里奥·居里夫妇也认为是一种γ射线，并且在1932年1月18日发表了简短的报告。

在英国剑桥卡文迪许实验室的查德威克得到消息，抓住机会，立即用高压电离室、计数器和云雾室三种探测器，也做了这个实验，并且证明了这种穿透力很强的射线，是一种和质子一样重的电中性的粒子流，这种粒子就是中子。1932年2月17日，查德威克把论文送给《自然》杂志发表。1932年2月22日约里奥·居里夫妇公布他们用云雾室又一次进行这项实验的结果，成为查德威克的实验的一个证明。查德威克因此获得1935年的诺贝尔物理学奖。

实际上，早在1920年，英国物理学家查德威克的老师卢瑟福，就曾经设想在原子核内部存在着一种不带电的粒子，并且把它叫作中子。他和查德威克进行过许多实验，一直想找到这种粒子，但是都没有获得结果。所以，这次实验，查德威克很快就想到了中子。

对于中子的发现，人们划分了四部曲：

（1）1920年卢瑟福提出关于存在一种电中性粒子的设想。

（2）1930年博特和贝克用α粒子轰击铍的实验，发现了穿透力很强的射线。

（3）1931年约里奥·居里夫妇的实验，发现这种γ射线从石蜡中打击出质子。

（4）1932年查德威克发现了中子。

许多人为约里奥·居里夫妇惋惜，事实上他们已经发现了中子，但是却没有意识到，终于使一项重大的发现从他们的鼻子底下溜掉了。钱三强先生在巴黎学习和工作的时候，约里奥曾经跟他说起过这件事，约里奥说："真笨死了，所有的证据都已经摆在那里了，我们怎么会想不到这一点呢？"

我的导师迈特纳在中子发现以后对我说："这是运气问题。"看来她也有点后悔，后悔当时没有同意我用云雾室做这项实验。她这样说，也是事后的一种自我安慰。人家已经做出来了，又能怎么样呢？如果迈特纳老师当时考虑我的建议，支持我用云雾室做这个实验，凭她丰富的实验经验（她在1922

王淦昌与浙江大学物理系的教授合照。左三为王淦昌（1936年　杭州）

年就对 γ 射线进行过一系列的研究），在她的指导下进行实验，也有可能首先发现中子。

当然，这是后来的分析，当时对这件事我也没有太多的想法。那时候我还年轻，又是刚到一个陌生的国家，认为自己的主要任务是学习，既然导师不同意，也就没有坚持。但是心里总觉得是一个遗憾，自己没有尽全力去说服导师，以求得她的支持，创造实验条件，这是终生难忘的教训。后来有人为我惋惜，我也就半开玩笑地说："如果我当时做出来了，王淦昌就不是今天的王淦昌了。"

中子的发现为什么这么重要呢？大家都看到过这样的原子图案：中间是原子核，周围是绕着核旋转的电子。可是，差不多直到1900年，人们普遍认为原子是个坚硬的实心球，是不可以分割的。1897年英国物理学家汤姆逊发现电子；1911年新西兰的物理学家卢瑟福根据 α 粒子的散射实验，发现原子中间有个很小很小的原子核，因而他提出了新的原子结构，即原子中心有一个很小的核，这个核带正电，并且拥有原子绝大部分质量，带负电的电子围绕原子核转动，这些电子很轻，电子的电量和原子核的电量相等，所以整个原子是电中性的。后来，他又从原子核里打出了质子。

汤姆逊、卢瑟福的发现，说明了原子是可分的。原子可以分为原子核和电子，为人类探索原子内部的秘密打开了大门。而中子的发现，进一步说明了原子核是可分的，原子核是由质子和中子组成的。中子的发现，不仅在理论研究上有重大意义，在实验中，中子还是最好的炮弹，它会引起原子核的裂变，实现链式反应。原子反应堆的运转、核武器的爆炸、原子能发电都要靠中子，中子为人类进入原子能时代打开了大门。

　　回国不久，我就受山东大学的聘请，到山东大学物理系当教授。当时在山东大学任教的还有李珩、任之恭、郭贻诚、王恒守等教授，在他们中间，我最年轻。1935年，何增禄教授也由浙江大学来山东大学物理系任教了。他是光学和高真空技术方面的专家，也很重视实验。我们除了分担一部分教学工作外，同时还着手建立必要的实验设备。我负责近代物理的教学，近代物理的设备一部分向德国订购，还有许多简单的部件，我就带领学生、技工们自己动手制作。这样，山东大学物理系有了迅速的发展。

　　我教学也像我的老师叶企孙、吴有训那样，着重训练同学们实验物理研究的本领，教学生们掌握实验的技巧，教导他们要把对物理理论的理解，建立在实验事实的基础上。我讲课或者是回答同学们提出的问题，都尽量启发他们自己寻找答案。

　　记得有一次在实验室里，有个同学提出一个光学现象："布湿了为什么颜色变深？"他请求我解释。我没有直接

王淦昌在青岛海边（1935年）

回答他的问题，而是弯腰用手提起蓝布长衫下面的襟角（那时候我们都穿长袍），往上面泼了点水，然后用双手把两个襟角提得高高的，对着窗外的亮光，让这位同学站在后面，透过布往外看，我对他说："明白了吗，为什么湿布的蓝色变深了？回去想想再来讨论。"这位同学一时还没有明白是怎么回事，感到有点莫名其妙。老师不回答问题，却让他看湿布，这是干什么？过了几天，这位同学来找我了，他高兴地说："谢谢王先生的提醒，我明白其中的道理了。"我也很高兴，我想同学们遇到问题应该开动脑筋，自己找答案。

山东大学的教师们互相尊重，同学们喜欢听我的课，实验室也建立起来了，应该说我在山东大学有了一个好的开头，以后的教学工作会比较顺利。但是没有过多久，我就离开了山东大学。这是为什么呢？

事情还得从日本侵略我国说起。1931年"九一八"事变，日本帝国主义侵略我国东北；1935年，进一步侵略华北。蒋介石国民党政府推行不抵抗政策。为了满足日本提出的"华北政权特殊化"的无理要求，国民党政府决定设立"冀察政务委员会"，成立时间定在12月16日。这就是说，要使华北几个省脱离中国政府，实行"自治"。

民族的危机空前严重。在中国共产党的领导下，12月9日，北平几千名学生举行大规模抗日示威游行，他们高呼"停止内战，一致对外""反对华北自治""打倒日本帝国主义"等口号。国民党政府出动军警进行镇压，有100多名学生受伤，30名学生被捕。第二天北平各学校学生举行总罢课。16日北平学生联合会又发动了一次规模更大的示威游行。国民党政府被迫宣布"冀察政务委员会"延期成立。这就是"一二·九"学生爱国运动。

北平学生的爱国行动，很快得到全国人民的热烈响应。山东大学的学生在地下党的领导下，也很快行动起来，声援北

王淦昌（左二）在山东大学（1935年　青岛）

平学生的反帝爱国运动。但是学生们却遭到校方的迫害，校长赵琦先后两次开除20多名学生。同学们毫不畏惧，不屈服，罢课抗议。校方企图动员我们教师以集体辞职来威胁学生，制造教师与学生的对立，阻止学生的爱国行动。

我非常气愤：爱国有什么罪？抗日有什么罪？这些学生将来都是建设国家的人才，他们当中有许多人品学兼优，很有发展前途。我们教师坚决反对校方的做法，师生团结一致，与他们进行斗争，迫使校方不得不收回第二次开除13名学生的决定。通过这次斗争，我看清了校方追随反动当局、镇压学生爱国运动的真面目，由此产生了离开山东大学的念头。

当时有人想拉我到苏北一所国民党教育学院当副院长，我断然回绝。因为我对国民党反动政府对外妥协、对内镇压的反动政策已经深恶痛绝。

王淦昌在山东大学任教时与好友任之恭合影（1935年 青岛）

"一二·九"运动在杭州也引起强烈的反响，浙江大学学生会组织全市学生举行示威游行，并且坚持长期罢课，在学校里发动了驱逐反动校长郭任远的斗争，把郭任远和他的几个爪牙赶出了校门。

蒋介石无可奈何，只好起用竺可桢，企

图利用他的声望来笼络人心。竺可桢是位爱国的科学家、教育家，他当了浙江大学校长后，立即废除法西斯教育制度，提倡实事求是的精神，四处聘请有真才实学的教授。我听到这些消息，很振奋。何增禄教授是因为对浙江大学原校长有意见而离开的，竺可桢校长聘请他回去，他邀请我和他一起回浙江大学任教。我很高兴，接受了竺可桢校长的聘请。于是，我离开了山东大学，愉快地到浙江大学物理系当教授去了。

　　1936年秋天，我到浙江大学之后，就在学校附近刀茅巷租了两间房子，把一直在老家的妻子和三个孩子接来了。一家人团聚在一起，大人孩子都非常高兴。从此我也就专心致志地搞我的教学和科研。

　　浙江大学自从竺可桢当校长之后，形势越来越好，报考浙江大学的学生成倍增长，学校内一派团结向上的气氛。在物理系，竺校长把原来的一些老教授都聘请回来了。老朋友相聚，同事之间和睦相处，心情都很舒畅。我在这个集体中也感到很愉快。由于我教学认真，又比较年轻，性格开朗，所以物理系的师生都对我不错，他们叫我"娃娃教授"——"Baby Professor"。

　　我一边教学，一边仔细阅读国外物理学期刊上有关核物理与粒子物理的论文，自己动手制作云雾室，准备做宇宙线方面的研究工作。

　　1937年5月，著名的丹麦物理学家玻尔和夫人、儿子汉斯·玻尔应邀到上海讲学，5月23日到杭州。玻尔在物理学方面有重大贡献，曾经获得1922年诺贝尔物理学奖。我在德国留学的时候，没有能到哥本哈根去拜访他。这次陪他们游览西湖，玻尔向我介绍了原子核的复合核和液滴模型的思想；我和束星北教授送他们到长安车站去的时候，我又和玻尔探讨了宇宙线方面的问题。和玻尔他们在一起虽然只有短短的两天时间，对我来说却是终生难忘的。在1985年纪念玻尔诞生100周年的时候，我写了一篇文章《深厚的友谊，难忘的会见》，刊登在联合国教科文组织出版的《科学对社会的影响》纪念玻尔专辑上。

我到浙江大学的第二年，抗日战争爆发了，全国各地掀起了空前的抗日救亡运动。浙江大学的师生积极行动起来，进行慰劳、义演、募捐活动，宣传抗日救国。

我和物理系的仪器管理员任仲英一起出去募捐，从

王淦昌在钱塘江观潮（1936年）

庆春门一直到旧法院（现在的浙江医科大学）门口，挨家挨户地宣传抗日，动员他们"有钱出钱，有力出力"，募集到许多废铜铁，给国家造枪炮，打日本鬼子。回到家里，我跟妻子吴月琴商量，说："国家有难，匹夫有责，我们不能投笔从戎去打日本鬼子，但可以捐钱捐物，给国家去买枪炮，把日本侵略者赶出去。"她是个明事理的人，马上就把家里的积蓄和结婚时候的金银首饰都拿出来给了我，我全都拿去捐献了。

战火渐渐逼近杭州，浙江大学决定西迁。离开杭州的时候，大家都依依不舍，竺校长把校内各处都察看了一遍，他内心的痛苦是可想而知的。

第一次迁到离杭州约240公里的建德。师生员工们11月15日到达建德后，就在县城里的天主堂、孔庙、林场等地方开始上课了。只上了四周课，杭州失守，建德也常有日本的飞机来丢炸弹，学校又只有往西迁。第二次的目的地是江西泰和。计划是12月24日开始西迁，师生们分三批离开建德，先乘船到金华，然后转乘火车到江西。

束星北教授和我商量，由他先把孩子送到湖南他夫人的姐姐家里避难，这样可以使孩子有个安全的环境，也可以减轻我们西迁中的负担。我很感激他在困难的时候为我们家着想，主动帮助我们。我妻子在建德又生下了第二个儿子，那时候我们已经有四个孩子。我让二女儿和大儿子跟束星北教授去了湖南。我们带着大女儿和没有满月的二儿子，和何增禄、朱福忻教授，以及系主任张绍忠的家属共四家人，租了一条运邮包的小船，先到兰溪，再去金华。

第一批出发的师生到了金华，就遇上敌机轰炸。还在建德的师生听到这个消息，就决定不去金华乘火车了，而改走衢州，转常山。我们在途中接到改变行程的通知后，就要掉头回兰溪，再去衢州，可是我们乘的邮船有任务，不能掉头，怎么办？我们只好另想办法。

还算幸运，我们找到了一条船。等到了兰溪，天已经黑了，四家人空心饿肚，疲惫不堪。店铺都已经关门，到哪里去买吃的东西呢？我们让物理系主任张绍忠两口子带着孩子们留在船上，其余的人都分头出去找吃的。不料江上起风了，船被吹得晃动起来，船舱里的纸油灯着火，眼看就要烧到船顶的竹席，孩子们吓哭了。张师母急中生智，用手把油灯拉了下来。

这时候我正在附近，听到哭声，赶快跑回到船上，掀掉船顶的竹席，把火扑灭，总算避免了一场大火灾，只是张师母

王淦昌在杭州满觉陇（1936年）

的两只手都被烧伤了，大家赶快把她送到医院去包扎。

这件事使我们几个教书人很有感触。在逃难之中，谁能料到会遇到什么样的灾难呢？从此以后，我们处处小心，尽量避免在不幸中增加不幸。

第二天，船到衢州。下了船，我们一行人赶到火车站。火车站人山人海，火车在衢州不停了，学校贴出通告，要求浙江大学师生设法去江山再试着上火车。我们商量了一下，认为我们扶老携幼，行动很不方便，还是坐船先到常山，再换乘汽车。终于，我们在12月28日到达江西玉山。从建德到泰和只有大约650公里，现在乘火车只要几个小时就到了，可我们当时到玉山就走了四天。战乱的年代，到处都是逃难的群众，乘船、坐车多么困难！除此之外还有敌机轰炸，要钻防空洞。不说一路上的艰辛，仅每到一处的吃饭、睡觉也受罪啊！这些都是日本侵略者给我们造成的，我们非常痛恨日本帝国主义。

我们在玉山停留了十多天，竺可桢校长仍四处奔走，联系车皮。到1938年1月中旬，车皮落实下来了，1月2日，全体师生员工和学校的图书、仪器等都先后到达江西吉安。这时候，吉安中学和吉安乡村师范已经放寒假，浙江大学就借这两所学校暂时落脚，并且利用吉安中学的教室复课，赶在两校开学之前，用两周时间把这一学期的课授完，然后进行期末考试。我也根据当时的条件，给学生们开了物理实验课。

2月中旬，我们到了泰和，学校继续上课，算是安定了一学期。这一学期加大了授课量，同时科研、实验也都开展起来。在这半年时间里，浙江大学还为泰和做了三件事。

泰和在赣江两岸，每年端午节后，江水暴涨，常闹水灾。当地有句俗话："三年不遭水灾，母鸡也戴金耳环。"竺校长了解到这个情况，动员学校的技术人员修筑了一道防洪堤，被泰和人称为"浙大长堤"，这是一件事。第二件事是办了一所学校，使当地农村的孩子和浙江大学教职工的孩子能上学。我的孩子就在那所学校读过书。第三件事是与江西省政府合办示范垦殖场。

在泰和，师生们还积极开展抗日活动。学生会组织师生给前方战士捐献棉背心，为救护伤兵募捐，演出抗日话剧等。教师们组成了前线慰劳队，我和束星北是领队，我们跟竺校长、胡刚复院长一起，到汉口去慰劳正在为保卫大武汉而战斗的前方战士。我们参观了坦克部队，在那里停留了两个星期后，回到泰和。竺校长他们又到广西找迁校的地点去了。

王淦昌（后排右一）在水乐洞（1935年9月20日）

就在这个时候，在泰和的竺校长的二儿子竺衡和夫人张侠魂先后得了痢疾，因为缺医少药，没有及时治疗，等竺校长赶回家来时，竺衡已经死了。过了几天，张侠魂也去世了。竺校长万分悲痛，师生们也为竺校长接连失去两位亲人而难过，追悼会上许多人都流下了眼泪。竺校长料理完丧事，又为学校搬迁的事情奔忙去了。

1938年9月，浙江大学的师生员工在竺校长的率领下，走了1000多公里路，安全到达广西宜山。我和束星北两人到湖南湘乡去接孩子，在乡下休息了一个多月。我们于10月下旬安全到达宜山。

浙江大学西迁，一年内迁了四次：杭州——建德——江西吉安——泰和——广西宜山。经历了千难万苦，还只能暂时安定。但是，日本帝国主义的炸弹没有把我们炸垮，辗转跋涉也没有把我们拖垮，我们在极困难的条件下，坚持教学，保持了教学进度，为国家培养了一批人才。

特逗的新年礼物

宜山各方面的条件也不好。除了借用城里的文庙做教室外，城外还临时搭了些大草棚。老师站着讲课，学生也是站着听课，肩膀上挂一块木板，用来记笔记。晚上，学生们趴在床上做习题。

在宜山一年多一点的时间里，我共讲授了三个学期的课程，开了近代物理课。当时物理系四年级只有孟寰雄和钱人元两个人。孟寰雄是借读生，钱人元是化学系的，他选修了近代物理。我照常给他们开课，当然听课的还有一些助教。考虑到在战争年代，学生毕业后有可能参加国防建设，我又开了军用物理课，讲授枪炮设计原理、弹道及其动力学原理、飞机飞行的空气动力学原理等，一共讲了四次，很受学生们欢迎。

在宜山，师生们受到疟疾的威胁，几乎每位教工家都有人得这种病，我家大儿子也被传染了。学生中有三分之一的人患疟疾。附近的城市买不到有效药物，竺校长派人到上海、广州等地去买。有些病重的，因为得不到及时治疗，离开了人间，大家都很悲痛，真是"宜山宜水不宜人"哪！化学系的钱人元突然患了面部丹毒，发高烧、昏迷。送到医院，病房不肯接受，只好暂时住在太平间。幸好校医从香港买到了当时最有效的消炎药，给他打了几针，他的病才好了。我塞给他一些钱，让他补补身体，他恢复得还比较快。

在宜山，物价飞涨，生活很艰苦。住的房子阴暗潮湿，吃的是粗茶淡饭，几个月也吃不上一次肉。天冷了，学生们的行李还没有运到，老师们就把自己家的被子、棉衣拿出来，帮助学生渡过暂时的困难。我们家没有什么东西可以拿出来了，我就把叶企孙老师在我到德国留学的时候送给我的呢子大衣拿给学生御寒。在这样艰苦的环境中，师生们互相关心，互相爱护，没有人叫苦。

1939年元旦，在大草棚里召开了新年晚会。主持晚会的老师的开场白是这样说的："在迎接新年的时候，我们没有什么东西送给大家，只有几顶大草帽送给你们……"他一边说一边指着茅草屋顶，引得大家哄堂大笑。欢笑声中，一切艰难困苦都烟消云散了。

在宜山，最可恨的是三天两头有敌机空袭。每当龙江对岸山上挂起报警的灯笼，大家就到龙江两岸的河谷或者岩洞里躲避。我们实验室有1克镭（一种放射性元素），那是件"宝贝"，我把它放在一只小铅匣子里。遇到警报的时候，我什么东西都可以不要，唯有这小匣子不能丢，我总是把它往怀里一揣，就往龙江边跑。有人开玩笑说，这1克镭是王淦昌的命根子。

有一次，一下子来了18架敌机，丢下120多枚炸弹，许多草房都被烧了。由于发了警报，师生们和家属都躲到了安全的地方，没有遭难。被烧的教室和宿舍，由师生员工们一起动手，很快就修好了。第三天学校照常上课。

还有一次，我在岩洞里躲空袭，看见一个学生聚精会神地在看一本书，那是英国物理学家、电子的发现者汤姆逊写的《原子》。这个学生好学的精神给我留下了深刻的印象，我问他是哪个系的，几年级。他腼腆地告诉我，他叫许良英，是物理系一年级的学生。我喜欢上了这个学生，我鼓励他好好学习，有什么事可以找我。后来，学校实行"导师制"，要每个学生自己选一个教授为导师，许良英就选了我。

在宜山，我们物理系的学术活动也开展起来了，每周有两次讨论会：一次叫"物理讨论甲"，是由物理系教师和四年

王淦昌旧照，右二为王淦昌

级同学轮流做学术报告；一次叫"物理讨论乙"，主要由束星北教授和我就物理学的前沿问题做系统的报告。束星北是搞理论物理的，他性格开朗、坦诚，别人做报告的时候，他常常要插话或者提问题。我也爱提问题，讨论的结果常常是我们两人争论起来，而且声音越来越高。不过，我们的态度都是真诚的，是为了探索科学真理，所以，尽管我们常常争得面红耳赤，仍然是好朋友。科学问题不怕争论，有争论才有发展，你们说是不是这样？

1939年1月，玻尔参加在美国举行的理论物理学大会。他宣布了一个划时代的发现，就是德国化学物理学家哈恩和施特拉斯曼发现了铀原子核的分裂现象，也就是现在人们所说的核裂变。我在德国的导师迈特纳发表了对裂变现象的看法，并且估算出一个铀原子核裂变的时候，释放出来的能量比同等重量的煤燃烧时产生的能量大几百万倍。

那时候，国外的期刊寄到宜山要半年时间，一来就是几大包。接到邮包我就没日没夜地看，一本又一本，从第一页看到最后一页，没个够。1939年7月，我看到关于核裂变现象的简短报道，兴奋极了，就在"物理讨论乙"上介绍了这个发现，引起了大家的兴趣。

当时，钱人元已经毕业了，我留他做我的研究助手。他想用照相底片法来寻找原子核裂变的轨迹，但是由于当时的条件太差，实验没有做成。我又设想用中子轰击镭酸镉来引起爆炸，就让钱人元制备镭酸镉。

为了防备敌机空袭，实验仪器都放在龙江对岸的木棉村，我们的实验要到木棉村去做，这要冒空袭的危险。有人反对说："饭都吃不上，还做什么实验！"我听了不以为然，说："这个实验比吃饭更要紧，饿肚子也要做。"钱人元在极简陋的条件下，合成了一点镭酸镉，并且做成镭—铍中子源，用它轰击镭酸镉。实验没有观察到爆炸。因为学校要搬迁，这个实验没有继续做下去。而美国组织科学家继续对核裂变现象进行研究，结果他们首先造出了原子弹。

1945年，哈恩听到美国在日本广岛投下了原子弹的消息，感到自己责任重大，甚至想到要自杀。后来，他坚定地反对制造和使用核武器。

1987年5月王淦昌（左二）与周光召（右二）、陈肇博（左一）会见袁家骝（左三）、吴健雄（左四）夫妇

探索神秘的中微子

　　1940年初，学校迁到了贵州遵义。我们家在遵义老城租了一处房子，居住下来。

　　遵义是贵州的文化区，气候也好，冬天不太冷，夏天不太热，雨量充足，在贵州也算是比较富庶的地方。更重要的是，遵义不再有空袭了，这就有了一个比较安定的教学和研究环境。学校把带出来的图书、仪器全部开箱，陈列出来。

　　由于这两三年迁校，生活不安定，又缺少营养，再加上路途劳累，我本来患肺结核多年，身体比较弱，到遵义就顶不住了，肺结核加重。当时没有特效药，系里为了让我养病，只让我开近代物理一门课。这门课我已经讲过多次，比较得心应手，后来我考虑到当时使用的教材内容陈旧，关于电磁学一些基本的理论和应用介绍得太少，不能满足现代物理的要求，便主动开了一门电磁波课。

　　这门课在浙江大学是第一次开，参考书很少。我没有料到来听这门课的师生这么多，除了我们物理系的，电机系来听课的师生更多。每堂课下来，学生们就把我团团围住，七嘴八舌问个没完没了。对学生们提出的问题，我都耐心地回答，有些比较深奥的问题，我就让学生自己先想想，然后到下堂课我再回答，或者让全班同学一起来讨论。

为了给学生们增加一点原子能方面的知识，在这年冬天，我还做了一次关于原子核能的通俗报告。这次报告我做了充分的准备，从煤和石油总是要用完的，人类需要寻找新能源讲起，讲到人们已经发现原子核能比化学能大得多，但是还不能控制天然放射性，以及卢瑟福的 α 散射、中子的发现……最后讲到核裂变，铀原子核裂变时，一个中子可以打出两三个中子，这样的裂变连续进行下去，就叫链式反应。如果有一天，能够控制这种链式反应的进行，人类将进入一个新的时代——核能时代。这场报告会是在晚上举行的，虽然教室里又冷又暗，但黑压压地坐满了人，许多同学为物理学的发展所鼓舞，他们看到了光明的未来。

原来许多同学认为学物理没有出路，毕业后找个好点的工作都困难，有些同学转学工科了，有的索性退学了。而电机系的周志诚、金德椿和机械系的邹国兴却都是在1940年转到物理系的。听了原子能的报告后，电机系的同学激动地对周志诚他们说："你们转系转对了，祝贺你们。"

在遵义，系里减少了我的授课时间，让我静养，我怎么静养呢？不是图书都开箱了吗？我就把物理学有关的文献、杂志都拿来，放在床头，一篇一篇地读，让它们陪伴我卧床养病。我思考一些问题，做点搭桥的工作。什么叫搭桥的工作呢？我对学生这样说的："不要认为物理学的研究工作，只有钻研纯理论和做实验两个方面，还有第三个方面，那就是归纳、分析和判断杂志上所发表的人家的实验方法、数据和结论，这种工作是给理论工作搭桥的，是推动实验工作前进的。"

在这段时间我所做的工作中，有一些就是搭桥性质的，其中重要的一项工作是完成论文《关于探测中微子的一个建议》。

前面我已经讲过，我在德国柏林大学威廉皇帝化学研究所放射物理研究室做研究生时，物理学曾有一些重大的发现与进展，其中1930年泡利根据原子核在放射 β 粒子的时候，电子的能量比预计的要小这个问题，提出了中微子假说。费米从理论上肯定了中微子的存在。但是，由于中微子是一种很古怪的粒子，它不带电，以光一样的速度前进，穿透力很强，人们抓不住它，所以，这方面的实验十分困难。有不少实验物理学家做过这方面的实验，却一直没有找到中微子的踪迹。

我认为，泡利的假说、费米的理论虽然都是很出色的，假若没有实验来验证中微子的存在，那么，他们两人的工作成果，就成了空中楼阁，没有实际意义，β 放射的问题仍旧没有解决。从那时候起，我一直关心着 β 射线衰变的理论和验证中微子的实验。

利用这次养病的机会，我集中阅读了近几年有关中微子问题的论文，看到不少物理学家所做过的这方面的实验。其中有一个实验引起了我的注意，那就是1939年克兰和哈尔彭的核反冲效应的研究。他们用一个云雾室，测量 ^{38}Cl（放射性氯）放射出来的 β 射线和反冲原子核的动量和能量，获得中微子存在的证据。我认为他们的方法不是最好的，因为在这个核反应中，末态有三体，就是说放射出来的是反冲核、β 射线和中微子三种粒子。这三种东西分不清楚，就很难测出中微子，最好能够变三体为二体。

　　我反复思考了一段时间，想到了K俘获的方法。在K俘获的过程中，末态只有二体，就是反冲核和中微子两种粒子，不放射β射线，所以反冲核的能量是单值能量，测量它的能量，就可以得到关于中微子的知识了。

　　我从1938年的《物理评论》杂志中，找到了几位物理学家用K俘获做的实验。在那个时期，我觉得自己比较成熟了，敢想问题，也想得很多。在德国留学的时候，我还太年轻，还是在学习，有些问题自己想到了，但要导师的支持才能实现。前面我提到的关于中子的实验，就是因为当时我没有坚持自己的主张，尽全力去争取导师的支持，所以错过了发现中子的机会。我把那件事作为一个教训记在心头。

　　这次我感觉不同了，我对探测中微子的实验充满信心。我给我的学生许良英指定的毕业论文题目就是《β衰变和中微

王淦昌与浙江大学物理系师生合影。第二排右二为王淦昌（1950年　杭州）

子存在问题》，我建议他毕业后留下来当助教，做我的助手，我们共同来研究这个问题。我告诉他这是一个理论上和实验上一直没有解决的问题，我对这个问题探索了好多年，最近才想出这个方法。

许良英当时一心要找共产党，要投身中国人民的革命事业。他在完成了论文的前半部分后，就匆匆地离开了学校。我也没有办法亲自来做这个实验，因为不具备做实验的条件，很多事情都做不下去，只能让别人去做。我就把自己想出来的验证中微子存在的简单方法，写成了一篇很短的论文：《关于探测中微子的一个建议》。文章中我建议用^7Be（放射性铍）的K电子俘获过程，来探测中微子的存在。

我先把文章寄到《中国物理学报》，结果被退回来了，后来我才知道因为战争，学术刊物的经费困难，《中国物理学报》一年只出一期，不得已只好退稿。1941年10月，我又把这篇论文寄到美国的《物理评论》。1942年1月，这篇文章就发表了。几个月后，美国的物理学家阿伦就按照我的建议，做了K电子俘获的实验，测量了反应后粒子的反冲能量，他的实验报告《一个中微子存在实验证据》，发表在1942年6月的《物理评论》上。

但是很可惜，阿伦的实验也是在战争期间进行的，条件不够理想，没能够测到单能反冲，跟我的建议还有一点出入。但是这个实验还是引起了国际物理学界的注意，成为1942年国际物理学界的重要成就之一。

我对阿伦的实验结果总感到不满足，还在思考怎样探测中微子的问题。1947年，我又写了《建议探测中微子的几种方法》，发表在《物理评论》上。阿伦和另外几位物理学家也陆续做过一系列K俘获实验。到1952年，他才第一次发现单能的反冲核，实验最终获得成功，确认了中微子的存在。

我的老师吴有训教授对我在中微子方面的工作很重视，亲自为我申请范旭东奖金。我把得到的1000美金，分送给了经济困难的我的老师、同事和学生。

我想出来的实验，由外国人做出来，而不是在中国由我们自己做出来，这是很可惜的，也是一件没办法的事情。抗战时期，我们国家很穷，要钻研前沿科学问题，缺乏必要的设备条件，科学家只能做这种搭桥的工作，这种工作在物理学界也是很重要的。

后来，建成了原子反应堆，在实验室里就可以产生大量的中微子。可以用中微子直接打原子核来证明它的存在，上面

王淦昌（左三）在L波段高度注入器鉴定会上（1995年）

讲的反冲实验就没有研究的必要了。不过，用反冲实验来验证中微子的存在还是很有趣的。

　　宇宙空间里，中微子很多，太阳和很多天体都会放出中微子。中微子很孤僻，它不和别的东西发生作用，它的穿透能力很强，可能现在就有一个中微子正穿过你的身体，穿过地球！现在有的科学家就在研究中微子通讯，中微子也是天体物理研究的一个重要课题。

小小湄潭成了"大学城"

从1937年11月开始西迁，到1941年夏天，前后四年中，我们一共迁移六次：杭州—建德—江西吉安—泰和—广西宜山—贵州遵义—湄潭。

湄潭在遵义东边75公里的地方，是个依山傍水的小县城，湄江绕城而过，自东北向西流去。那里风景优美，丛林掩映着缕缕炊烟，更显出山城的幽雅宁静。风水联保和观音洞是我们工作之余常常流连忘返的地方。现在回想起来，还有一种心旷神怡的感觉呢！

湄潭人欢迎浙江大学迁来，他们把文庙、财神庙、双修寺、禹王宫、梵天宫，还有两家祠堂都让给浙江大学使用，在城外还划出200多亩地，作为浙江大学农场。浙江大学还在城东湄江边上建造了大礼堂（兼做饭厅）、四栋宿舍楼、大操场，湄江就成了天然游泳池了。此外，还建了一所子弟小学、浙大附中。

我们物理系的实验楼盖在双修寺，有电磁、光学、近代物理学、实验技术等几个实验室，一个修理工厂，一个地下暗室和一个图书馆，物理系的设备当时在国内是第一流的。小小湄潭变成了一座大学城，到处可以见到来来往往忙碌着的浙江大学师生员工和家属。

我们家在南门外租了两间房子。房后靠山，我妻子就在山坡上开荒种菜，解决一点副食。她还养了鸡和一只羊，孩子们轮流割草放羊，我每次到双修寺那边去查资料、做实验，也把羊带过去，让羊在那边山上吃草。这样，我们家经常可以吃到鸡蛋，每天能喝上羊奶。有这点营养，我的肺结核病稳定了下来，没有加重。

那时候，由于生活不安定，比较艰苦，教授们的身体都不好，所以我的病也就算不了什么。我主动承担了电磁学、热力学、光学等课程的教学任务，把全部基础课程教一遍，也使我的理论物理基础更加巩固。

1942年，我考虑到物理系的教学应该紧跟物理学的发展，决定开"原子核物理"课。当时在国内这是第一家。没有教材，我就把自己长期积累的资料整理成教材，内容包括30年代末、40年代初物理学研究的问题。

1943年，由于物理系主任何增禄教授体弱多病，竺校长、胡刚复院长安排我接替系主任职务。这是我最不喜欢的工作，让我讲课、搞点科研，还马马虎虎，加上了行政工作，这真难为了我，但我也只好承担起来。

从此，我除了在湄潭给学生上课、做实验、处理系里的一些事情外，还经常到离湄潭15公里远的永兴去，因为物理系一年级在那边。每次去我都是步行，到那里听取物理系师生的意见，帮助他们解决一些困难。每年新生入学我必定去，跟物理系的新生见见面，谈谈心，我总是对他们说："物理是一门很美的科学，大到宇宙，小到基本粒子，都是它研究的对象，寻求其中的规律，这是十分有趣的事，你们选择了一个很好的专业。"鼓励他们好好学习，热爱自己的专业。

由于全系老师的共同努力，我们物理系的教学、科研都很有起色。战争时期，交通不方便，中国物理学会的学术活动分地区举行，贵州地区分会就设在湄潭。从1942年到1945年，分会每年举办一次年会，物理系在这几次年会上宣读的论文总共有50多篇，其中我自己写的和与学生合作的论文有8篇。

这些成果的取得是很不容易的，那时候连电灯都没有，不要说先进的设备了。学术研究资料也不多，做实验用废旧汽车引擎发电，用酒精或木炭代替汽油，有时候就在火热的太阳下，利用阳光做实验。讨论科学问题，经常是在晚上进行。点盏油灯，大家就坐在木头长凳上讨论。就是在这样艰苦的条件下，大家讨论得还是很热烈。

现在的青少年朋友可能不理解，因为你们不会知道由于国家科学文化落后受人家欺凌的滋味。我们就是要为祖国的科学与教育事业尽职尽力。那时老师和同学都认识到，在科学领域中，只有不怕困难，踏踏实实地去探索，才能走在科学的前沿，为祖国的强盛贡献力量。科学事业是最美好的事业。

1944年的物理年会是与中国科学社的年会联合举行的，李约瑟和他的夫人、助手等从重庆专程来湄潭参加。这次大会，理学院和农学院的各系都参加了，一共收到80篇论文。李约瑟他们没有想到，在艰苦的战争环境里，在穷乡僻壤，在小小湄潭，能看到这么多学术研究成果。他称赞浙江大学的学术研究可以和英国著名的牛津大学、剑桥大学媲美。因此，他们在湄潭比原计划多待了两天，最后还带走了5篇论文，其中有束星北教授的1篇和我写的《中子的放射性》，后来这两篇论文都发表在英国的《自然》杂志上。

化学系迁到湄潭之后，三年级要开物理化学课，没有老师，胡刚复院长十分着急。他知道我能开这门课，但也知道我的教学任务已经很重了，不忍心再给我增加负担。可是学校很快就要开学，来不及从外面聘请老师，他只好来找我商量，希望我能暂时解这燃眉之急。我一口就答应下来了。我对胡院长说："请放心，我可以开这门课。"胡院长很高兴，拍拍我的肩膀说："谢谢你，你帮我解决了一个大难题。"

化学系三年级的同学听说我给他们讲授物理化学，都很高兴，二年级的同学知道了，也挤进来听课。教室挤不下，有的同学就在窗子外面听。有些同学听了物理化学课，很感趣，后来就选修物理系的课程。

我很赞成这样做，我常对同学们说，化学系的要学一点物理或生物，物理系的要学一点化学或生物，从长远看这是有好处的。科学在发展，会不断有新的学科出来。我建议物理系的梅镇安同学将来研究生物物理学，因为这是一门很有前途的新学科。她毕业后就转到生物物理研究上了。

在湄潭我也做了一些研究工作。惭愧的是，因总想多做点研究工作，总想找到一些新现象，我对教学下功夫不够。为了掌握分析核谱的群论方法，1942年暑假，我请束星北教授给我们讲群论。

为了寻找新粒子，没有加速器，我就提出用照相底片来寻找宇宙线中粒子径迹的方法，并且在1943年写了《关于宇宙线粒子的一种新实验方法》。我的建议同后来英国物理学家鲍威尔用乳胶技术找新粒子的方法相似。1947年鲍威尔发现了π介子，由此获得1950年度诺贝尔物理学奖。这主要得益于第二次世界大战后，有了更为理想的乳胶。

在湄潭没有电灯，夜晚只能靠微弱的油灯照明，很不方便。我想如果能找到一种方法，把白天的阳光储存下来，晚上用来照明，这该多好啊！

我从一部外国的学术著作中，找到有关荧光和磷光的制作技术记载，我就照书中说的方法来做。经过反复实验，终于制成了磷光硫化锌，我非常高兴。磷光硫化锌经过太阳光照射，闪闪发光，很好看的。不过磷光硫化锌的亮度不够，而且越来越弱，最后完全消失，不能照明。

我向化学系王葆仁教授请教，他建议我用有机化学方法

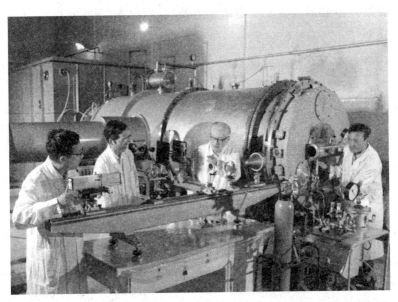

王淦昌（左三）在原子能研究院氟化氪实验室指导工作（1989年）

试一试，还送给我一种液体。这种液体在光线的照射下会发荧光，如果没有光的照射，荧光就消失了。我把液体稀释，然后加进石膏搅拌、烘干，使它变成固体，然后装在试管里。经过阳光照射，它发出荧光。有一次，我把它放在西服衣襟里，敞开一点让同学们往衣襟里看，他们看到里面的磷光觉得很稀奇。

1945年忻贤杰做毕业论文，我指导他进行磷光体机械效应的研究。由于当时条件太差，没有激励光源，他就用太阳光做激励源。我们在烈日下，捂在棉被里做实验。后来发表了《用机械方法产生磷光》的论文。这些磷光持续时间不长，也不能做照明用。

以后我曾想过用固体物理的方法来制造可照明的磷光，但我一直从事核物理研究，顾不上再去研究固体物理了。我总想这件事如果做成了，是造福人类的好事情。现在我已经力不从心了，只有期待你们——青少年朋友们将来去实现。

1945年8月，美国在日本的长崎和广岛各丢下一颗原子弹，震惊世界。消息很快传到湄潭，当时许多人都不知道原子弹是怎么回事。8月下旬，我做了"原子弹及其原理"的报告，引起了师生们的兴趣。没有想到的是，十几年以后，我和我的一些学生会参加研制核武器的工作，为加强我国的国防建设，打破帝国主义的核垄断贡献我们的力量。

　　我们物理系的教授都很朴实，平易近人，对待学生就像自己的朋友一样，关心他们，爱护他们，在教学上也很认真，注意提高学生学习的兴趣，引导学生理解物理意义。

　　束星北教授讲的课引人入胜，他和我同年，长得很魁梧，曾在英国爱丁堡大学留过学，担任过爱因斯坦的助教。他教理论力学、相对论等课程，既不用课本，也不用讲义，常常结合日常生活中的事物，深入浅出地讲解所学的新概念、原理，讲得非常透彻，学生们都爱听他讲课，这一点我是无论如何也学不来的。我们经常讨论一些问题，有时争得面红耳赤，但仍是好朋友。学生同他争论，他也高兴。他这种为探索科学真理，同学生进行平等交谈的作风，给学生们留下了深刻的印象。

　　当时社会上轻理重工的倾向很严重，影响了一部分学生，然而由于教授们的努力，留在物理系的学生们对学习物理的兴趣却越来越浓，有些学生甚至对物理入了迷。他们在教室里谈物理，在饭厅里、宿舍里谈物理，散步也谈物理，连开玩笑也离不开物理。

物理系有不少优秀学生，比如邹国兴，他是全校有名的优秀学生，原来在机械系读三年级，自愿转到物理系读二年级，我们都很受感动。他平时专心读书，沉默寡言，可是在原则问题上，却一点也不马虎。那时候，国民党对学生运动采取了镇压和拉拢的两面政策。1942年，国民党一面在浙江大学逮捕了5名进步学生，一面宣布对学习成绩最好的学生颁发奖状。湄潭获奖的只有邹国兴一人。邹国兴事先知道了消息，故意不去开会，当许良英把奖状带回来送给他的时候，他连看都不看一眼，就把奖状撕得粉碎，并连声说："可耻！可耻！"真有骨气！我为有这样光明磊落、是非分明、品学兼优的学生感到高兴。

又比如在一个班里，有4名姓李的学生：李政道、李天庆、李寿楠、李文铸。他们都是聪明好学、刻苦钻研的好学生。有一次，我给李政道一本书，上面有10道习题，我点出5道让他做，结果他把10道题都做了，真让我吃惊。束星北教授给物理系一年级学生做辅导，李政道提的问题最多，束星北很喜欢他那种打破砂锅问到底的精神，他们师生俩常常讨论到深夜。

后来束星北去重庆工作，李政道想参加青年军，不料因车祸腿骨骨折没能成行。束星北听到消息，立即拍电报给我，要我看住李政道，不让他去参加青年军，要给他吃好，把腿治好。后来束星北把李政道带到重庆治疗休养，等他的腿骨长好了，才设法把他送去昆明的西南联大，由吴大猷先生继续照顾。

老师都爱自己的学生，愿他们学习好，生活好，毕业后有所作为，为国家做贡献。学校实行导师制，我经常和几位选我做导师的学生谈心，每学期还请他们到我家来，让我妻子给他们做几个常熟的家乡菜，给他们增加一点营养。许良英、周志诚先后毕业，我要他们留下来当助教。他们一心要去找党组织，没有找到，流落在外，生活十分困难。我写信叫他们赶快回浙江大学，后来我又在《贵阳日报》上登启事，寻找许良英和周志诚。1945年2月，许良英步行20多天，终于回来了，又过了一个月，周志诚也回来了。我派他们两人到永兴场一年级分部去工作。1946年2月，国民党发动反对苏联的运动，遵义、湄潭都搞了反苏游行，而永兴场却没有搞起来，永兴分部主任认为是许良英他们起的作用，要求学校解聘他们，我没有

王淦昌（右一）与核工业部部长一起会见李政道教授（中）（1987年）

王淦昌（中坐者）在日本考察（1988年）

同意，顶住了。

外系的学生和研究生需要我指导的，我也像对本系的学生一样。气象学教授涂长望为了发展中国的大气电学，让我担任他的研究生叶笃正的导师。我想要使大气电学在中国生根，首先要在中国开展观测，所以，我给他定了这样一个研究课题——"湄潭近地层大气电位的观测研究"，并且帮他选择了观测地点，建立观测场地，指导他把一个坏的电位计修复后使用。

就像十多年前，清华大学吴有训老师指导我做"测量清华园周围氡气的强度及每天的变化"的研究一样，我要求叶笃正每天清晨在太阳升高（10时左右）的时间内，观测湄潭1米高的大气电位变化，记录各种天气变化对它的影响。我也经常和他一起观测，现场进行指导。有了比较长时期的观测记录，我又教他怎样查阅文献，分析材料，然后写论文。

我也接受化学系王葆仁教授的委托，指导化学系蒋泰龙做毕业论文实验，题目是"用化学药剂来显示高能射线的轨迹"。为了帮助他弄清问题，我和他一起反复做实验，深夜进实验室进行观察。因为实验室设备问题，实验没有继续进行下去。蒋泰龙本打算留校再学两年数学和物理，并把这个实验做完，但是为生活所迫，他还是毕业离校了。

日本投降后，从1946年5月开始，浙江大学师生分批迁回杭州。由于图书、仪器都已经装箱，晚走的人也无法进行实验。我想浪费时间太可惜，6月我为晚走的助教们讲了一个月的电动力学理论。

同事们、学生们对我都很关心，在我养病的时候，化学系的同学推选代表来看我。在准备回迁的那段时间，正逢我40岁生日，物理系的师生们还为我举行庆祝会。他们准备了祝寿词、祝寿诗，还唱祝寿歌。讲师杨有樊表演胡琴独奏，很精彩，其他老师和同学也都表演了节目。这样的祝寿充满着热情、真情，使我很感动，我的孩子们至今还记着那个令人难忘的生日。

　　1949年12月的一天，我在浙江大学收到钱三强和何泽慧夫妇从北京寄来的一封信。对他们两位的名字我并不陌生。1946年，他们在法国巴黎大学镭学研究所居里实验室和法兰西核化学实验室做研究工作，钱三强领导一个研究组，其中有何泽慧和两位法国研究生。他们利用核乳胶研究铀原子核的裂变，经过反复实验和上万次观测，发现了原子核三分裂和四分裂现象。只是那时我还不认识他们。1949年7月，我作为浙江省的代表，到北京参加自然科学工作者大会筹备会，会上认识了钱三强。

　　他们给我写信是为什么事情呢？我拆开信一看，原来是他们邀请我到北京去，商量发展核科学研究的计划，以及从事核物理研究。能和他们一起做研究工作，我很高兴，可是，那时我对自己今后的研究工作还没有打算。过去的十多年虽然做了一点研究工作，但主要还是搞教学，在浙江大学我和同事们相处得都很好，到北京去要换一个新环境，能不能适应？我全家一直在南方生活，对北方的生活能不能习惯？考虑再三，我决定先请几天假，到北京去看看再说。

因为是自己的事情，我不愿花公家的钱。那时候我还算年轻，经得起劳累，就带了些干粮，买张硬座票，先乘火车到上海，再从上海到北京。那时火车跑得慢，从上海到北京轰隆轰隆地要跑30多个小时。

到了北京，见到钱三强、何泽慧。在他们家里，我们谈得很融洽，互相介绍了自己的工作经验后，当然就是讨论如何开展原子核物理研究的问题。我们三人一致认为，利用云雾室开展宇宙线研究是当时最可行的实验物理工作。所以，对宇宙线方面的工作，我们谈得很多。和他们在一起，我感到真正遇到了志同道合的合作者。此行坚定了我到北京工作的信心。

同时，新中国成立后国家发生的变化，也使我对发展祖国原子核科学事业充满希望。我感到了作为一个科学工作者应负的责任。我决定到北京，加入到新中国核科学研究的队伍中去。

在北京，我还去看望了竺可桢校长，那时他已经调到中国科学院任副院长了。在他的领导下，中国科学院计划局对全国自然科学方面的人才进行了调查。竺可桢一再强调中国科学院的单位要注意吸收优秀的科学家。这就是说，调我到北京工作还不仅仅是钱三强夫妇的意见。

回到浙江大学，正是复习和期末考试阶段。结束这段工作后，我就准备北上。学校方面服从中央政府的指示，支持我到中国科学院工作。这样，我在1950年2月，告别家人和同事，独自到了北京。考虑到研究工作的需要，我从浙江大学调来了忻贤杰和胡文琦两位年轻科研人员，并且把云雾室也带到了北京。云雾室是1947年我到美国加利福尼亚的伯克利加州大学，在布罗德教授和弗雷特教授的帮助下，和琼斯合作做成的。我们用它进行过宇宙线中介子衰变的研究，在不到一年的时间里，取得了好的结果。回国的时候，布罗德教授把这个云雾室送给了我。

在这里，我简单讲一讲宇宙线。1900年到1901年，人们在研究空气的电离现象时，发觉静电计总有漏电现象。起初，人们以为这种现象是地壳中的放射性物质发出的射线引起的。为了验证这种设想，人们做过很多实验，有人甚至带着静电计爬到了巴黎的埃菲尔铁塔顶上，但都没有结果。

1911年的一天，奥地利年轻的物理学家赫斯，冒着生命危险，乘高空气球进行精密测量。他一直升到5350米的高空。结果表明，气球开始上升时，电离强度逐渐减弱；到了离地面800米以上的高空，空气电离却越来越强。原来有一种来自宇宙空间的射线，时时袭击着我们的地球，引起空气电离，这种射线，我们就把它叫作宇宙线。赫斯因为发现宇宙线，获得了1936年度的诺贝尔物理学奖。

宇宙线粒子的数目非常大，它们的穿透本领极强，有一部分可以穿过地球大气层，射到很深的地下，有的还可以穿过地球。每天大约有10万个宇宙线粒子穿过你的身体。不过你不用害怕，它们对人体没有伤害。宇宙线粒子很小很小，人眼无法看到。科学家们用专门的探测仪器来探测是不是有粒子"路过"，或者把它们的"足迹"拍下来进行研究。最早发现的一些基本粒子，都是在宇宙线中首先找到的。

1950年5月19日，中国科学院近代物理研究所成立。除原北平研究院原子学研究所和原南京中央研究院物理研究所原子核物理部分的研究人员外，研究所还有我和彭桓武教授。

彭桓武教授是从清华大学聘来的，他是理论物理学家，比我小几岁，年轻时在英国留学，获得两个博士学位。他学识渊博，功底很深，数学非常好，计算时从不需要助手，计算公式全都在他脑子里。

近代物理研究所开始是吴有训兼任所长，钱三强任副所长。一年后，钱三强任所长，我和彭桓武任副所长。我们研究确定了五个科研方向，就是：理论物理、原子核物理、宇宙线、放射化学和电子学。因为钱三强所长在研究所外还有重要工作，所以，我除了和肖健同志一起负责宇宙线组的工作外，还负责所里的日常工作。做宇宙线研究，这是我多年的愿望，现在终于有机会了，还有一批助手，我很高兴。

中国原子能科学研究院的四任院长：钱三强（右二）、王淦昌（右三）、戴传曾（右一）、孙祖训（右四）（1986年）

建所初期，条件很艰苦，帝国主义对我国实行封锁，我们就是有钱也买不到仪器设备。要开展核物理和放射化学研究，少不了各种探测仪器，我们就学习延安时期"自己动手，丰衣足食"的精神，发动大家"自己动手，一切从头做起"。我在宇宙线组提出研制仪器和实验工作并进，自己首先动手制作仪器。我制作了计数管，焊接好自控电子线路，配上闪光光源，在一间暗室里开始了宇宙线照片的拍摄。

为了寻找高能量的奇异粒子，研究宇宙线与物质的作用，我软磨硬泡把赵忠尧先生从美国带回来的多板云雾室借来了。1952年，我们设计建造了带有电磁铁的云雾室；1954年在云南落雪山海拔3180米的地方，建造了我国第一个高山宇宙线实验站。

我把年轻同志分成两组，我和肖健同志各领导一个组，指导他们开展科研工作。我的事务繁忙，但只要有一点空，我就跑到实验室去了解工作进展情况，和同志们讨论研究工作中的问题。那时候，工作条件很差，做云雾室温度控制实验，是用电吹风加热，有一次把周围的木头都烘着了。现在听起来很可笑，可在当时，我们一心想把祖国的科学事业搞上去，只知道工作，工作，浑身上下有使不完的劲。

从1955年开始，我们的宇宙线研究出了一批成果，先后发表在《物理学报》和《科学记录》上。《一个中性重介子的衰变》等在国际性的宇宙线物理会议上引起世界同行的关注。

落雪山宇宙线实验站海拔高，气候好，是世界上少有的高山站。到高山站工作很艰苦。为了使上山工作的同志生活有保障，实验站建在离川东铜矿不远的山上。通往实验站的道路崎岖陡峭，实验站的青年曾在参加铜矿的共青团活动后回站的路上，遇到过狼。那时候实验站的工作人员也就是两三个人，每天看着多板云雾室拍照，然后对照片进行扫描观测，发现有意义的事例，就选出来送到北京，由我和肖健共同审查。

1956年，由肖健主持研制了一个大的云雾室，安装在落雪山实验站，这样大大丰富了我国宇宙线研究的内容。到1957年底，落雪山实验站获得了700多个奇异粒子事例，其中有一些还是稀有事例。可以说，在50年代，我国的宇宙线研究水平与国外差不多。我们和国外交流也比较多，国外一些同行，甚至有些理论物理学家，对我国的宇宙线研究很感兴趣。

通过几年边研制仪器，边进行实验研究，我们为宇宙线物理研究打下了基础，同时也培养了一批青年人。今天他们已经成为宇宙线方面的专家，有的当选为中国科学院院士。

1950年，我还在清华大学物理系开了一门课，也是讲"宇宙

王淦昌（右一）与周光召等科学家在一起

线物理"。在讲宇宙线实验的时候，我讲到"在地面和高空宇宙线的强度不一样"这个问题，提出：是否能用气球、探空火箭载探测器进行实验？70年代末、80年代初，高能物理研究所宇宙线研究室就用高空气球进行实验了。

1955年，中国科学院成立学部，我被选为数理化学部的学部委员，现在称"院士"。

王淦昌（右）与路甬祥、武衡院士在一起

一枚珍贵的纪念章

　　新中国成立初期，有两项工作对我教育很大，这两项工作就是土地改革（以下简称"土改"）和抗美援朝。你们听说过土改吗？1951年5月，我参加了川北土改队。这是一次难得的改造自己思想的好机会。虽然我生在农村，小学毕业前一直生活在农村，但是，对于地主怎样剥削、压迫农民，并不了解。

　　通过土改工作，我了解到旧社会种田的农民没有田，或者只有很少的田，田地都让地主富农霸占了。贫农租地主富农的地来种，打下的粮食绝大部分都交租给了地主，剩下一点粮食还不够糊口，有的甚至交租都不够。地主富农自己不种田，靠掌握的土地放租放债，过着不劳而获的奢侈生活。恶霸地主，不仅勾结官府，还自己豢养打手，欺压农民，霸占妇女，横行乡里，无恶不作。

　　我们土改队一下去，首先访贫问苦，到贫苦农民家里去，跟他们谈心，取得他们的信任，启发他们的觉悟。遇到患病的农民，我还给他们一些药。我受父亲的影响，懂一点医学常识。我研究了川北地区流行的钩虫病的传染途径、预防和治疗的方法，向农民做宣传。

通过工作队深入细致的工作，农民们亲身体会到共产党的干部就是不一样，不欺压百姓，还帮他们干活，关心他们的生活，世道真是变了。通过访贫问苦，我也认识到没有共产党，不搞土改，农民别想过好日子。

控诉惩办恶霸地主，没收他们的五大财产（土地、房屋、粮食、耕畜、农具），这个阶段对我教育很大。我亲眼看到地主的奸诈与狡猾。要他们交出财产，分给贫苦农民，他们是不甘心的，他们采用种种手段来抵制。在我工作的地方，有的地主带着家里人到处"借粮"，叫穷；有的地主转移家产到邻家。我还看到封建势力的种种罪行。有一个恶霸地主，是县反共联防司令，反动"一贯道"的首领，新中国成立前，霸占农民田地，强奸妇女，残害农民；新中国成立后，组织暗杀团，破坏土改。还有一个地主，在新中国成立前组织了一个占奸团，强奸有夫之妇及幼女，并且逼死了好几条人命。

我看到广大贫苦农民一旦提高了觉悟，他们和封建地主的斗争是很坚决的，没有任何力量可以动摇他们夺回土地的决心。

土改消灭了封建剥削阶级，贫苦农民真正翻了身，成为新社会的主人。他们分到了土地和其他生产资料，实现了"耕者有其田"，生产积极性大大提高了，农村出现了一片欣欣向荣的新气象。

土改工作完成后，9月底我回到北京。1952年4月，我又接到命令，到朝鲜战场去完成一项特别任务，这项任务与我的工作有关。

1950年6月25日，朝鲜爆发战争。6月27日，美国总统杜鲁门公然宣布美国军队入侵朝鲜，同时命令海军第七舰队开进台湾海峡，干涉我国内政。朝鲜是我国的邻国，如果美帝国主义占领了朝鲜，强兵压到鸭绿江边，我国也不能安全地从事建设。抗美援朝，就是保家卫国。10月25日，中国人民志愿军雄赳赳、气昂昂地跨过鸭绿江，参加了朝鲜人民的抗美救国战争。

　　1952年春天，志愿军发现美军在朝鲜战场上使用了一种炮，威力很大。他们怀疑是原子炮，要求国内派科学家到朝鲜去进行实地考察。中国科学院就派我和一位年轻的研究实习员林传骝去，因为我们是研究原子核物理的。同去的还有日坛医

1951年，王淦昌参加中央土改工作团川北分队时留影。前排左二为王淦昌，第二排左十为胡耀邦，左六为严济慈

院的吴桓兴教授和通信兵部的一位年轻同志。

　　能够到朝鲜战场上去，为抗美援朝做一点贡献，我很高兴，我抓紧做准备工作。这个任务是保密的，在所里不能公开，遇到困难只能自己解决。我想，要探测原子炮弹产生的放射性，就要有探测器。制造探测器我是熟悉的。真空管的盖革计数器，在当时算是最灵敏的便携式仪器了，它适合野外使用，测量的时候，用耳机听"嗒嗒嗒"的响声是多少就行了。制作盖革计数器，我还有个小窍门：在管子中充入氩气的时候，加上一点酒精蒸气，这样效果更好些。当时国内还不能生产电子管，我就到商店去买，到地摊上去找，钨丝是我自己拉制的，我还用白铁敲了一个外壳。为了保证在战场上使用时性能可靠，我对做出的管子挑了又挑。做好各种准备后，我们就告诉家里人，要出差一段时间。为了保密和安全，我们4个人分两批行动，我和吴桓兴教授先走。到了丹东，来到鸭绿江边，已能感受到战争的气氛。我和吴教授换上了军装，我们也当上中国人民志愿军了。我们可高兴啦，还照了相留作纪念。

　　晚上，我们就乘火车过鸭绿江，到了朝鲜人民民主共和国的新义州。这里已经被侵略者炸成一片废墟。再往前就只能乘汽车。

　　走了一段路后进入战区，公路上到处都是大大小小的弹坑，吉普车只能歪歪扭扭地颠簸着前进。坐在车厢里，头常常撞到车顶，我怕仪器颠坏了，紧紧地抱着。公路两边，可以看到被打坏的美军坦克、装甲车和大炮。我们感到志愿军很厉害，他们把武装到牙齿的美国军队打成这个样子，真是了不起！

　　白天走路，我们要随时警惕敌机来轰炸，一听到嗡嗡的声音，吉普车就赶快停下来躲一躲，声音过去了，再继续往前开。大多数时候是晚上赶路。晚上开车不能开灯，车只能慢慢地开。有一天晚上，是一位朝鲜青年司机开车，他嫌车开得慢，就打亮了车灯快开，这一下就把敌机招来了。吉普车周围落下七八颗炸弹，差一点要翻车，好危险。现在想起来也害怕，那是我一生中最危险的时刻。

在志愿军后勤部的卫生部，我们4个人会合了。休息了两天，又继续前进。这时吉普车只能在夜间开，颠簸了100多公里，终于到了志愿军司令部。

司令部设在一个很大的洞里，彭德怀司令员回国汇报工作了，代司令员、政委邓华，副政委、政治部主任甘泗淇接见了我们。我们向志愿军首长汇报了在国内的准备情况和工作打算。志愿军首长向我们介绍了前线的一些情况。

第二天我准备开始工作，可是打开仪器一试，不灵了！我心里很着急，要是仪器真出了毛病怎么完成任务？经过检查发现，是仪器受潮引起的，洞里太潮湿了。我和林传

王淦昌赴朝鲜时穿上军装留影（1952年4月）

骊把仪器擦了擦，又拿出去放在太阳下面晒，仪器恢复了正常。

我用盖革计数器对从前线带回来的弹片反复进行测量，没有发现嗒嗒嗒的响声有明显增加的现象。我当时就判定这些弹片不是原子炮弹爆炸弹出来的，美军使用的杀伤力大的炮弹，可能是一种叫"飞浪弹"的新式炮弹。那时候，我们对原子弹的知识比较贫乏，现在知道，即便是当量（化学单位）很小的原子弹，由于爆炸后温度很高，也是不可能留下一块弹片的。

检查完弹片，我给司令部的首长们介绍了原子弹的原理和效应。之后，我和林传骊又向志愿军的基层指挥员和有关人员讲了关于原子弹的一些基本知识，并且用探测仪器做了演示，很受欢迎。

在朝鲜期间，志愿军司令部和后勤部卫生部安排我们参观了战俘营。战俘中有美国、土耳其等国的士兵，他们都受到照顾，在战俘营里可以打篮球，做一些体育活动，生活很愉快。一次休战期间，前线部队的一位首长还请我们到前线去参观。我们看到志愿军战士的生活很艰苦，但是他们斗志昂扬，充满必胜的信心。在前线，我们也看到了更多的被打坏的美军坦克。

我们在朝鲜战场工作了四个多月，受到一次生动的爱国主义和国际主义教育。中国人民政治协商会议全国委员会给我颁发了一枚珍贵的抗美援朝纪念章。

发现反西格玛负超子

　　发现反西格玛负超子的，不是我一个人，是很多人，我是其中之一。这项工作是在苏联杜布纳联合原子核研究所做的。

　　第二次世界大战以后，苏联在一个叫杜布纳的地方，建造了当时世界上能量最高的加速器。苏联政府认为，应该让社会主义国家的核科学家们都来用这台加速器，可以早一点取得成果，同时可以培养一批核科学工作者。苏联政府建议成立一个国际性的科学组织——联合原子核研究所。我们中国就成了联合所的成员国。1956年9月，我和李毅同志代表我国到莫斯科参加联合所成立会议。会后我就留在联合所任研究员，后来当副所长。

　　联合所建造的这台质子同步稳相加速器，能量为10GeV（1GeV=10亿电子伏）。我们先说说加速器是什么东西。简单地说，加速器是利用电和磁的作用来加速带电粒子的一种机器。加速管由很多段绝缘圈和一片片加速电极相间构成。带电粒子经过加速电极，就被"给上一脚"，向前推一下。通过一节节电极加速后，粒子的能量愈来愈高。如果要使粒子沿着圆形轨道运动，就要用磁力让粒子转弯。宇宙线中虽然也有能量很大的粒子，但它们出现的机会太少，而加速器能够直接产生各种能量的粒子，它是研究原子核物理、高能物理不可缺少的装置。不少基本粒子都是在加速器上找到的。

50年代，加速器的能量逐步升级，1954年，美国伯克利建成6.4GeV的加速器，1955年，美国物理学家张伯伦、塞格雷领导的小组就是用这台加速器发现了反质子，因此获得1959年诺贝尔物理学奖。1956年，在这台加速器上又发现了反中子。可以说，基本粒子的新发现和认识是同加速器能量提高和性能改进分不开的。

联合所建成的这台加速器，是当时世界上能量最高的加速器。然而日内瓦的欧洲原子核研究中心，当时也在加紧建造一台30GeV质子同步稳相加速器，并将在1959年投入运行；美国、澳大利亚也准备建造更高能量的加速器。可见竞争相当激烈。

联合所的加速器在能量上的优势只能保持几年，能不能在这短短的几年内，抢在欧洲原子核研究中心的加速器建成之前做出成果，获得重大发现？大家把眼睛盯着我，苏联同志也都知道我过去在高能物理方面做过一些工作，所以，虽然那时我不担任什么职务，可以专心搞科学研究，还是感到压力很大。我想必须选择一批有可能突破的研究课题。根据当时面临的一些前沿课题，发挥联合所加速器的能量优势，我提出了两个研究方向：（1）寻找新奇粒子（包括各种超子的反粒子）；（2）系统地研究高能核作用下，各种基本粒子的产生规律。

研究方向确定了，选择什么探测器来进行研究是首先要解决的问题。探测器是记录和分析高能粒子产生的现象的仪器。前面我们讲过的云雾室、盖革计数管、乳胶，还有气泡室、电离室等都是探测器。考虑到超子的反粒子是不稳定粒子，寿命很短，从产生到衰变，飞行的距离很短，利用能够显现粒子径迹的探测器来寻找这类粒子比较理想。因此，我们就选择气泡室作为主要探测器，选择丙烷为气泡室的工作液体。丙烷气泡室制造起来技术难度较小，建造周期比较短，另外还有一个有利条件，就是联合所有研制小型丙烷气泡室的经验。我们只有尽快把气泡室建成，才能充分利用联合所的高能加速器，赶在人家前头，做出有突破性的成果来。

气泡室是美国物理学家格拉泽发明的。这里有个很有趣的传说：1951年的一天晚上，格拉泽在喝啤酒的时候，看着

王淦昌（中）在苏联杜布纳联合原子核研究所（1958年）

啤酒中产生的泡泡出了神。他突然想到，或许这啤酒中产生的泡泡和云雾室形成的雾滴有什么关联。如果把云雾室的情况颠倒过来，不是让过冷的蒸气在带电粒子周围凝聚起来，在大量气体中形成小水珠或液滴，而是让过热的液体在带电粒子周围汽化，在大量液体中形成气泡，情况会怎么样呢？

经过反复实验，他终于看到了带电粒子穿过液体时留下的熟悉的泡泡的痕迹。1952年他建成了第一个气泡室。

开始时气泡室很小，直径只有几英寸（英美制单位），使用的液体是乙醚。后来气泡室越做越大，液体也改用液态氢或丙烷。使用液体的最大好处，是带电粒子在飞行的途中可以撞到更多的原子；而且气泡室使用的液体本身就是进行高能核作用的靶物质（被带电粒子打击的物质）。气泡室比云雾室灵敏，在高能物理研究中起了重要作用。1960年，格拉泽因为这项发明，获得诺贝尔物理学奖。

我领导的实验小组，开始只有两位苏联青年科研人员和一位技术员。考虑到寻找新粒子的工作量很大，也希望通过实验培养我国核科学实验人才，于是我建议从国内调丁大钊、王祝翔两位年轻同志来，一起工作。他们很高兴，来了也很努力。后来组里又陆续增加了几位同志。这样，王祝翔和一位苏联同事主要负责丙烷气泡室的研制，丁大钊和另外两位苏联同事主要负责实验布局和数据处理等方面的研究。

从1956年12月开始，研究组的人都紧张地做着各项准备工作。我也整天待在实验室，很难到办公室去一趟。除了考虑整个实验工作和总体设计外，我还要经常检查每个组员的工作进展情况。对丁大钊、王祝翔尤其抓得紧，我要求他们把工作做得快一点，多学一点东西。他们的工作都完成得很好。

本着在工作中学习，在学习中收获的精神，我提出来先做一个直径10厘米的小丙烷气泡室，练练兵，摸索一些经验，然后再进行正规设计。这样，计划中的24升丙烷气泡室在1958年春天制成了。与此同时，丁大钊他们也为在高能加速器上开展物理实验研究做了各项准备。在这个基础上，我领导大家用小气泡室做了一个实验，这是为寻找超子的反粒子进行一次演习，使年轻人能在实验中接触科研课题的全过程，从而增强完成下阶段任务的信心。

　　由于我们研究组前一阶段工作完成得出色，联合所的科学家们都认为我们是所里最有希望出大成果的研究组；从所领导到研究室领导对我们的工作都很重视，在工作上给了很多方便。从1958年夏天开始，我们研究组不断壮大。这是因为我们组有大量的实验资料需要分析、研究，需要人手，因而接纳了许多不同国籍的青年科技工作者到研究组来工作。到1960年，研究组已经有20人，其中有中国、苏联的，还有捷克斯洛伐克、波兰、越南、朝鲜、罗马尼亚和民主德国的，我们组成了

王淦昌在苏联杜布纳联合原子核研究所与所长布洛欣采夫在一起（1958年）

联合所里的联合组。

1958年9月，各项准备工作已经完成，加速器经过半年的调试，进入了正常的工作状态，实验正式开始。

我们选用π^-介子做"炮弹"，让它与气泡室工作液体中的氢和碳相互作用，然后将实验过程拍摄下来。到1960年春天，我们一共得到近11万对照片，包括几十万个π^-介子核反应事例。下一步工作是"扫描"，就是从这几十万个反应事例中，把产生反超子的反应找出来。

我根据各种超子的特性，提出了在扫描时选择可能的反超子事例的"标准"，还画出反兰姆达超子($\widetilde{\Lambda}^\circ$)、反西格玛负超子($\widetilde{\Sigma}$)存在的可能的图像，要求每位组员都要把画像记在脑子里，扫描时格外注意与图像吻合的事例。

怎样扫描呢？通常是将一对照片放在扫描仪上，用简单的立体看片器，看出照片上的立体图像，然后判断眼前的这个核作用事例，符合不符合我们要找的可能的反超子事例。海量的照片，需要一张一张地扫描，这是一件枯燥而又非常辛苦的工作。可是如果发现了一个可能的反超子事例，我们的眼睛一下子就会亮起来，高兴得不得了，一切疲劳都被抛到九霄云外。我们组的科技人员，每天扫描十几个小时，有时夜里在实验室参加加速器运行值班，第二天照常进行扫描。那时候我已经50多岁了，又是近视眼，戴着眼镜用立体扫描仪很不方便，但我还是坚持每天和大家一起扫描。

要选出有意义的事例，还要避免漏记和出差错。如果出差错，将给下一步的分析工作增加麻烦，影响工作进度。我提醒大家，一定要认真区别真象和假象。有位实习生起初就常常搞错，我教他怎样用已经学到的物理知识来区分真假。为了避免差错，每一对照片都经过几个人各自独立扫描，确保准确无误。

选出来的符合要求的候选事例，要在显微镜下进行测量，测出各种数据，然后输入计算机进行计算、分析，这样算是完成了实验资料分析的第一阶段的工作，也就是原始数据的积累。下个阶段就是进行物理分析，做出物理说明。

1959年3月9日，我们从扫描得到的4万张照片中发现了一个反超子事例。那天，全组都在紧张地看片子，一位实验员拿来一张底片，说是很像我反复提醒大家注意的那种事例。我拿过片子一看，真是兴奋极了，这是一个反西格玛负超子产生和衰变的事例。我立即让在场的人来看这张片子，大家都兴奋起来，几个人立即进行反复扫描，测量，分析，最后确定这的确

王淦昌（前排右四）在苏联联合原子核研究所与他领导的研究组各国科研人员合影。前排：右五为王祝翔，右一为丁大钊，右三为陈玲燕（1960年）

是一个十分完整的反西格玛负超子产生和衰变事例。

1959年9月，在基辅召开国际高能物理会议，我在分组讨论会上报告了可能存在的反西格玛负超子事例。1960年3月24日，我们正式把发现反西格玛负超子的论文送给国内的《物理学报》发表。苏联《实验与理论物理》期刊也发表了这项研究成果。我国的《人民日报》和苏联的《真理报》发表消息，报道了这个发现。1962年3月，欧洲原子核研究中心的30GeV加速器上发现了反克赛负超子（$\tilde{\Sigma}^-$），这个中心的领导人韦斯科夫说："这一发现证明欧洲的物理学家在这一领域内已与美国、苏联并驾齐驱了。"这显然是指美国物理学家在1956年发现反质子和我们研究组在苏联发现反西格玛负超子。

1972年，美籍理论物理学家杨振宁回国访问的时候，对周恩来总理说：联合原子核研究所这台加速器上所做的唯一值得称道的工作，就是王淦昌先生及其小组对反西格玛负超子的发现。1982年，我和丁大钊、王祝翔关于反西格玛负超子的工作，获得国家自然科学一等奖。

我深深体会到：要有先进的物理思想，同时也要有实现这种思想的手段，才能取得研究成果。这是从实践中得出的真理。当年我在德国留学的时候，如果有云雾室，就可以弄清那穿透力很强的射线是什么；当我经过多年的思考，想出一种巧妙的验证中微子存在的实验方案时，如果有实验设备，这个实验就可以由我自己来做，那么，首先证明中微子存在的就不会是外国人，而是我们中国人。我曾经想方设法研制各种径迹探测器，想用它们把一些新粒子的径迹记录下来，但是由于物质条件太差，效果都不好。你们想想，实验设备对实现一种物理思想有多么重要。

在气泡室照片扫描的过程中，还有一个小插曲。1959年初，研究组有人在扫描的时候，发现了一个寿命比较长的粒子，它在飞行中有衰变为一个π介子和一个k°介子迹象。经过推算，很难确定这是一种质量大、寿命长的新粒子。但是，这是在加速器上得到的第一个新粒子候选事例，苏联同事非常兴奋，把它命名为"R粒子"（俄文"友谊"及"杜布纳"的第一个字母），并且决定在基辅国际高能物理会议上发表消息。在苏联同事一再要求下，考虑到中苏友谊，我想了一个折中的办法，即不把文章提交大会，而由我在大会上做补充报告，两种可能性都讲。

　　那时的国际学术会议有一个惯例，就是提交大会的研究

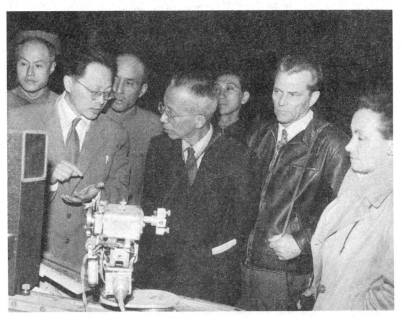

中国科学院代表团参观苏联杜布纳联合原子核研究所，王淦昌（左二）向竺可桢团长做介绍(1958年)

成果，由一个总报告人集中报告。那次大会的总报告人是一位美国科学家，他和我国著名高能物理学家张文裕是老朋友。他报告完了，我做补充发言。他听后非常恼火，脸涨得很红。他对张文裕嚷道："我要发疯了，你们这么重要的结果，为什么不交给我来报告？"后来，我和张文裕先生反复向他解释，说明这只是一种迹象，是不是新粒子还存在两种可能，这才使事情平息下来。

其实我虽然同意在会上报告，但总放心不下。我对照片仔细扫描过，发现在"R粒子"旁边有几粒气泡。我建议联合所的中国学者进行内部讨论，当时周光召就认为这可能是k^+电荷交换的现象。我去参加会议的时候，还安排王祝翔对旁边的气泡进行分析。他做了各种计算，最后他确定那不是什么新粒子，而是k^+电荷交换。

王淦昌在苏联杜布纳联合原子核研究所做报告（1989年）

科学研究是硬碰硬的事情，如果当时我报告发现了"第一粒子"，那不就落下一个撒谎、吹牛的坏名声？太可怕了！今天我讲这个故事，就是想说明科学研究是严肃的事情，要有充分的证据，来不得半点马虎，也不能急于求成。

　　1955年1月15日，党中央开会做出一个重要的决策——发展中国核工业。毛泽东主席在会上说："现在苏联对我们援助，我们一定要搞好！我们自己干，也一定能干好！我们只要有人，又有资源，什么奇迹都可以创造出来！"第二年，国务院成立了第三机械工业部（1958年改为第二机械工业部，到1982年又改名为核工业部），专门负责我国核工业的建设和发展工作，宋任穷同志担任第一任部长。我们物理研究所由机械工业部和中国科学院双重领导，到1958年改名为原子能研究所。

　　为了我国原子能事业迅速发展，从1955年到1958年，中央抽调了大批科技人员、工人和管理干部参加这项工作。教育部又从有关高校选调了几百名高年级学生学习原子能专业知识；抽调一部分专业接近的优秀教师进修原子能专业；还从在苏联和东欧国家的中国留学生中，挑选百余名学生学习核科学和核工程技术专业。物理研究所派科研和工程技术人员到苏联学习。同时，很多苏联的科学工作者和专家，到中国来讲学，帮助我们工作。

正当我国的核工业刚刚起步的时候，1959年6月，苏联赫鲁晓夫领导集团背信弃义，单方面撕毁合同，撤走专家，并且把一些重要的图纸资料也带走了，设备材料的供应也随即停止，给正在建设中的中国核工业造成了很大的损失和困难。

外国有人说，中国离开别人的帮助，20年也搞不出原子弹！但是，党中央下了决心，决定自己动手，从头做起，准备用8年时间，搞出原子弹。毛泽东主席指出：要下决心搞尖端技术。赫鲁晓夫不给我们尖端技术，极好。如果给了，这个债是很难还的。从此，我国的核工业走上了完全自力更生的道路。

王淦昌（前排右三）在苏联杜布纳联合原子核研究所与研究组各国成员合影。中国成员：前排右一为丁大钊，右四为王祝翔，右五为陈玲燕（1960年）

1960年底，我在苏联杜布纳联合原子核研究所的任期届满，准备回国了。回国之前，我最后一次把节省下来的14万卢布（旧币），交给中国驻苏联大使馆。在联合所的中国工作人员，都惦记着处在经济困难时期的祖国，许多同志都把节省下来的生活费送到大使馆，以分担一点国家的暂时困难，这是在国外的儿女对祖国母亲的一点心意。

回国后，我在考虑下一步做什么。1961年4月3日，忽然接到第二机械工业部刘杰部长约我见面的通知。我一看就预感到有重要事情，否则刘部长不会这么急着叫我去。

到了刘部长的办公室，副部长兼原子能研究所所长钱三强也在那里。刚一坐下来，刘部长就开门见山地说："王先生，今天请您来，想让您做一件重要的事情。请您参加领导原子弹的研制工作。"刘部长向我传达了党中央关于研制核武器的决定。随后，他坚定地说："有人要卡我们，中国人要争这口气。"我静静地听着，心里很不平静。党的信任，人民的重托，自己几十年来的追求、期望，都落实到我将要接过的这一副沉沉的担子上。我有很多话要说，但当时我只说了一句话："我愿以身许国。"

第二天，我就到第二机械工业部九局去报到了。同时到九局报到的还有理论物理学家彭桓武，中国科学院力学研究所副所长郭永怀。郭永怀是著名科学家钱学森推荐的，是国际力学界很有声望的一位力学专家。他在美国的时候，为了能顺利地回国，拒绝参加任何机密性的工作；回国后，当祖国需要他接触机密的时候，他毫不犹豫地就来了。这样，我们三个人就分别担任了物理实验、总体设计和理论计算方面的领导工作。

我们报到以后，彭德怀、陈毅、彭真等党和国家领导人到实验室来看望我们。外交部长陈毅紧紧握着我的手，高兴地说："有你们这些科学家撑腰，我这个外交部长也好当了。"

那时候，造原子弹是国家的最高机密，到第二机械工业部系统工作的人，都要经过严格的政治审查，每个工作人员都要接受保密教育，不准对外人包括自己的亲属说出第二机械工业部是干什么工作的。九局是第二机械工业部的核心部门，保密要求尤其高，工作人员必须长期隐姓埋名。有不少人为了国家的利益，放弃了原来很不错的工作岗位，有的因为女朋友政治审查不合要求，不得不和她分手。我到九局工作，领导当然也向我提出了这个要求：绝对保密，长期隐姓埋名。我毫不犹豫地回答："可以，我做得到。"

保密部门又说："要断绝一切海外关系。"

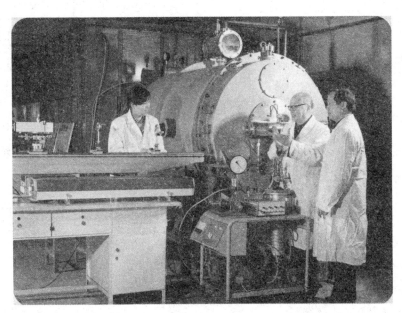

王淦昌（中）在实验室(1985年)

我回答："行，行。"

当时，我没有别的想法，就是无条件地服从国家和人民的需要，以身许国。从那时候起，我就叫"王京"这个名字了。

就这样，王淦昌这个人从科技界突然销声匿迹了。国外有些朋友觉得奇怪，怎么看不到王淦昌的消息了？这个人到哪里去了？国内有的知情人为我惋惜，说我在科研领域已经取得成绩，继续搞下去有可能得诺贝尔奖。我认为国家的强盛才是我真正的追求，现在正是我报效国家的时候。为了中国能造出原子弹、氢弹来，为了给中国人争这口气，从1961年到1978年，我隐姓化名、中断与外界的联系整整17年。

　　第二机械工业部九局和第九研究所是一个单位，李觉任局长和所长。作为九所副所长，彭桓武主管理论研究，郭永怀主管设计研究和实验，我主管实验研究。

　　那时候，所里已经调来了一些专家和工程技术人员，有核物理学家朱光亚、邓稼先，固体物理学家程开甲，金属物理学家陈能宽等，还有国内一些名牌大学来的高才生。

　　我们这些人都没有造过原子弹。我想，我们中国人并不笨，外国人能做的事，我们也能做。所以，我要求年轻人，不论职位高低，不管资历深浅，谁的意见好，就采纳谁的，群策群力，尽快把原子弹这个谜解出来。

　　布置工作后，我总希望他们马上就做，拿出结果来。事实上不可能件件事都让人满意。遇到这种情况，我就着急，就批评人，甚至发脾气。事过之后，冷静下来，我感到自己有点过分，又马上找到被批评的同志赔礼道歉："对不起，我脾气太急了，请你原谅。"好在年轻人都摸透了我的脾气，知道我是为了工作，不生我的气。

我们知道，要使原子弹爆炸，首先要摸清楚原子弹的内爆规律，掌握爆轰实验技术。为了做好爆轰实验工作，培养和锻炼队伍，我给年轻人开了基础实验课，要求大家学会用数学概念进行推导，用物理概念进行认真分析。

　　爆轰实验不能在实验室做，怎么办呢？怀柔县燕山山脉的长城脚下，是一个工程兵的靶场，我们就借那块地方，开展爆轰物理实验。在一片开阔的野地上，一个碉堡，几排简易营房，十几顶帐篷，还有古代遗留下来的烽火台的废墟，这就是我们试验队的工作场地。我们称它为"17号工地"。中国的核武器研制就从这里揭开了第一页。

　　这个地方的气候条件十分恶劣。冬天，经常是风雪交加、飞沙走石，有时候大风能把军用帐篷掀起来，试验队员们的被子上总蒙上一层厚厚的沙土，一个个成了"土行孙"；夏天，太阳像火盆，烤得人挥汗如雨，夜里的暴雨常常把帐篷冲垮，把铝盆、木棒等冲走。那时正是国家经济困难时期，吃饭有定量，生活很困难，许多人患了浮肿病。几十名试验队员，都是在炸药、爆轰、电子、光学等方面有专长的年轻人。为了国家的强盛，为了早日造出"争气弹"，他们不怕苦，不怕累，克服重重困难，忘我地工作。

　　我负责全面的实验领导工作，对炸药的研制、炸药成型研究、爆轰物理实验和测试工作等，都要抓。我和郭永怀等同志经常到工地上去，有时候还住在那里，和试验队一起工作。我是搞实验物理的，对炸药学、爆轰学、爆炸力学不熟悉，就从头学起，自己学了，弄通了，就在工地上给大家讲课。遇到难题，大家一起讨论，出主意，想办法。我常常提出一些办法，指导试验队员们去做。

试验队员们白天紧张地工作，晚上钻研业务书和有关的文献资料。溶药炉没有到货，为了争取时间，他们就因陋就简，用普通锅炉、搪瓷盆和木棒，在帐篷里研制炸药和部件。搅拌炸药要快，帐篷里通风不好，雾气腾腾，充满着难闻的炸药粉尘的怪味，他们坚持轮流搅拌。有时候，我也和他们一起搅拌。他们怕影响我的健康，总是劝我离开。我是不会离开的，我要和大家一起做。经过共同努力，我们很好地解决了炸药部件的质量问题。

　　对于爆轰原理的实验，我和郭永怀组织大家讨论、论证，最后采用了陈能宽研究的方案。陈能宽是从美国回来的年轻科学家，他在金属物理研究方面已经做出了成绩，发表过不少学术论文。回国后，为了第一颗原子弹，他改行搞爆轰物理研究。他说，啃窝窝头比被人家称作二等公民好多了。他指导

王淦昌会见李政道。右起：王淦昌、李政道、蒋心雄、陈能宽（1998年）

青年们设计了第一个特种形状的起爆元件，后来这个研究成果用到了原子弹的设计和生产上。

爆轰实验开始那天，我在现场具体指导。在离碉堡百十米远的沙丘上，放着加工好的实验元件。碉堡里的示波器、高速转镜紧紧地追踪着它。陈能宽和几个年轻人紧张地安装测试电缆。天气很冷，他们小心翼翼地把电缆接头抱在怀里，用皮大衣挡着风，一根一根仔细焊接。电缆接好了，紧接着就是插雷管。"呜——呜——"的警报声响起来，大家迅速撤离，两眼盯着前面沙丘上的实验元件。

"起爆！"一按下电钮，"轰"的一声，实验元件爆炸了，示波器、高速转镜记录着爆破的结果。试验场上，硝烟滚滚，没有等硝烟散尽，第二个实验元件又被抱上去了。大家一起堆沙丘，接电缆，插雷管，"轰——"第二炮又打响了。就这样一炮一炮地实验，紧张的时候，一天要打十几炮。实验中，我们研究并采用了光学、电子学的测试技术。

我们不断研究，不断设计，不断实验，不断总结提高，在一年多时间里，研究、设计、制作了好几个不同类型的部件，大大小小打了上千炮，基本上掌握了内爆的规律和实验技术，测试工作突破了技术难关，闯过了研制原子弹的第一关。

由于爆轰实验工作取得的成绩，1982年我们获得国家自然科学奖一等奖。

茫茫戈壁上的蘑菇云

　　我们的第一颗原子弹代号为"596"。这是为了让大家牢牢记住1959年6月，苏联撤走专家、停止援助的日子。我们要自力更生，艰苦奋斗，一切从零开始，一步一步，摸着石头过河。经过1961年、1962年近两年来的探索，我们攻克了一个个难关。彭桓武、邓稼先、周光召领着一批年轻人进行的原子弹理论设计有了突破。

　　这是非常不简单的事情。那时候我们只有放在桌子上的手摇计算机。他们在做原子弹的总体力学计算的时候，发现一个重要参数有误差，就一次接一次地重新计算、分析，算了9次，手稿有厚厚的一大摞。这时候，周光召（曾任中国科学院院长）从国外回来了，他仔细看了9次计算的手稿，认为计算没有问题，并大胆地提出了一个新的论证原理，从理论上论证了计算结果是正确的。有了科学的论证，计算结果使人信服。

　　在郭永怀和设计部主任龙文光指导下，年轻的工程技术人员也开始了对原子弹装置结构、工艺的设计。

　　通过大量实验，我们对原子弹爆炸的一些关键技术，开始有所突破和掌握。"17号工地"已经不能满足我们做大型实验的要求了。

1962年9月，第二机械工业部党组给党中央写了报告，提出争取在1964年、最迟在1965年上半年爆炸我国第一颗原子弹的"二年计划"。毛泽东主席看了，很高兴，批示："很好，照办。要大力协同做好这件工作。"

在党中央直接领导下，国务院成立了15人的专门委员会。委员会中有7位副总理、7位部长级干部，周恩来总理任主任。为了加快原子弹的研制，党中央专门委员会又调了一批中、高级工程技术人员，到我们核武器研究所来工作。

从1963年3月开始，我们所除了理论研究人员留在北京外，其他实验、设计、生产等各方面的工作人员，都先后进入大西北的核武器试验基地。我回家跟妻子儿女告别，告诉他们我要到西安去工作。那时候基地是保密的，不能告诉外人。

基地在青海湖东边的海晏县，那里平均海拔在3200米，属于高寒地区，冬天很冷，风沙很大；气压低，水烧不开，馒头蒸不熟，走路快了要喘气。在那里工作要忍受头晕、心悸、不想吃饭等高原反应，要克服水土不服等困难。

我常常对身边的年轻人说："搞科学研究的人，特别是从事我们这个事业的科学工作者，不能怕艰苦，不能过多考虑个人生活，饭吃饱了就行，我们甚至可以过原始人的生活。"他们在背后也常议论："王老师是科学家，年纪又最大，一点也不怕苦。"有的调皮的小伙子会说："对，向王老头学习。"我听到他们在背后叫我王老头，才意识到自己老了。

记得在"17号工地"做爆轰实验的时候，为了做纪念，我拔了几根白头发塞在石缝中。不错，我是老了，可是，我时时刻刻都在想着研制工作，想着让"争气弹"早日上天。

大批工程技术人员来到基地，一时住房紧张。李觉、吴际霖等领导带头，机关工作人员都搬进了帐篷，把楼房让出来给技术人员住。技术人员很受感动，干劲更大了。

爆轰实验在几个离住地很远的试验基地进行，我经常去。我身穿统一发的皮大衣，脚穿高筒靴，坐在吉普车上。车行驶起来就像在朝鲜战场上那样颠簸，到处都是凹凸不平的沙丘路。

一到试验现场，我就检查各种实验装置：雷管的质量好不好，安装是不是全部到位，还有部件加工的质量……一项一项地落实。我反复告诫大家："雷管一定要保证质量，必须安装到位，不能有一丝一毫马虎，如果有一个质量不好，或者插不到位，波形就不好，最后就达不到理想的目的。"

有一次，一位同志带着新研制的雷管到实验室去，在路上雷管突然爆炸了。我根据情况判断是静电积累引起的。我立即组织技术人员进行验证和实验，最后证实的确是静电积累引起了爆炸。发现问题，必须立即查明原因，因为以后工作中还会遇到这样的情况，还需要使用很多这样的雷管。在工号现场，我和大家一起吃饭，边吃边讨论问题，有时聊聊天。我看着他们大口地吃夹着沙子的饭菜，心里十分感慨。这是一些多好的孩子啊，我从心底里喜欢这些年轻人。

1963年上半年，在试验基地打了许多小炮，做了很多次冷试验（就是没有装核材料的炸药爆轰实验，行家们称它为"冷试验"），取得了对爆轰实验比较完整的认识。11月20日，我们又进行了一次缩小尺寸的整体模型爆轰试验。这是一次对理论设计和一系列实验结果进行综合性论证的关键试验。

11月的基地已经很冷了，连着开了几天会，会后我又赶着到研究室、车间和试验现场去看看，不放心啊。由于劳累，我感冒了。发烧，咳嗽，血压也升高了。可是，这次试验很重要，各项工作一定要做好，我仍旧坚持到基地去，进工号现场，检查各种装置的准备情况。

正式试验那天，我早早就到现场，再次检查验收各项工作。我要做到一丝不苟，精益求精，做到周恩来总理要求的"万无一失""一次成功"。检查完了，试验就要开始，参试人员都必须退出到现场几百米之外，可是我觉得还有点不放心，又带着几个技术人员，进入工号，最后再看一看。

这次试验进行得很顺利，一看测试结果，真是好极了！仪器记录的信号全有，输出的幅度很理想，内爆波和引爆器都达到了理论设计的要求，我太高兴了，竟像年轻人一样情不自禁地双脚跳起来。这一炮解决了原子弹研制的关键技术问题，为原子弹的设计打下了可靠的基础。

1964年2月，九所（核武器研究所）改为第九研究院，我被任命为副院长，仍主管生产和技术工作。这时候，第一颗原子弹从理论设计到生产试验，各个环节基本上都已有了经验，进入全面攻关阶段。我作为分管生产试验的副院长，感到身上的担子很重、很重，当时真是吃不下、坐不住、睡不着，心里总惦记着很多事情。

过春节了，511车间的同志们为一个部件的铸造任务，还在坚持奋战。我就常到现场去，即使插不上手，为他们加加油也好。102车间在进行组合件的制造与装配，这是一项十分重要的关键技术工作，一定要做到保质、保量、保安全。我放心不下，亲自到现场，严格把关。我一再叮嘱他们：必须做到"万无一失""一次成功"。

4月，周恩来总理亲自召开第八次专门委员会，决定"596"采取塔爆方式，于9月10日前做好试验前的一切准备工作，并且要求做到保响、保测、保安全，一次成功。

任务非常紧迫。原子弹研制，是一个庞大而复杂的系统工程，各个环节都要严格把关。理论方案确定之后，生产试验的各个方面，必须做到周恩来总理要求的"严肃认真，周到细致，稳妥可靠，万无一失"。

6月6日，要进行第一颗原子弹的全尺寸大型试验，所以从月初就进入了临战阶段。有时天不亮我就把警卫叫起床，开车到车间、工号，严格检查。发现问题，立即组织论证，或者改进，并且要随即拿出结果来。到这时候，已经没有时间好拖。有时我真急了，会不客气地大声嚷起来，发脾气。好在大

王淦昌（左）和周光召在一起

家都能理解我。

6月6日这次试验，除了不装核燃料外，其他都和原子弹试验时一样，这是在原子弹爆炸之前的一次综合性演习。试验之前，我让工作人员进行操作练兵。我提出，这次试验，测试工作要做到"一次成功，多方收效"；测试人员必须准确、熟练地操作仪器设备，"尽最大的努力，拿到最多的测试结果，该拿到的，能够拿到的，一定要千方百计地拿到"。这样，可以给国家节省人力、物力和财力。

试验结果达到了预先的设想，"测量信号理想，试验圆满成功"。我听到这个消息太高兴了，我国离第一颗原子弹爆炸成功的日子不远了。我想起在广东从化温泉疗养的时候，遇见当时的外交部长陈毅，他手攥成拳头问我："你们这玩意儿什么时候造出来？"

我说："快啦！"

陈老总又问："明年行不行？"

我回答："再过一年差不多啦！"

他听了说："噢，希望你们赶快造出来！不然我这个外交部长不好当啊！"

第二天，朱德委员长、陈毅元帅、聂荣臻元帅特地宴请我和我妻子。党和国家领导人对我们科技人员、对原子能事业的深切关怀和期望，使我感动，这件事我至今难以忘记。

第一颗原子弹装置的研制工作进入最后阶段。夜深了，我躺在床上怎么也睡不着，心里总想着207车间。那里正在装配炸药部件，这是非常关键的技术工作。我起床叫警卫，开车到车间。看到工人师傅们在紧张地劳动，不叫苦，不叫累，我深受感动。我站在机床旁边，看着他们操作，心里感到踏实多了。他们都关心我，一再对我说："王院长，没问题，我们会把工作做好的。""王院长，您回去休息吧。"我说："我来看看，向你们学习。"他们看动员不走我，就弄来一张行军床，让我休息。这样一直到凌晨3点多，主要的装配件装配好

1955年周恩来总理、郭沫若院长等会见苏联专家阿尔齐莫维奇（前排左二）、格鲁谢林（前排右二）。后排左起：王淦昌、宋任穷

了，我才回宿舍休息。

总装车间在进行第一颗原子弹的装配时，车间周围有武装战士严格把守，无关人员不能进入。有一天，听说中国人民解放军副总参谋长张爱萍和第二机械工业部副部长刘西尧要来，群情振奋。

李工程师心头一热，在大厅门口的一块黑板上，写下"欣闻首长来车间，群情振奋喜开颜"两句欢迎词。张爱萍看了，笑着对刘西尧说："有意思，咱们一人加一句，不就是一首诗吗？"刘西尧稍想一下说："一丝不苟加油干。"张爱萍接着说："一声春雷震环宇。"随即，张爱萍拿起粉笔，把这两句话连起来写在黑板上空白的地方。这件事很快在基地传开，对大家鼓舞很大，特别是总装车间的同志，他们连续奋战了三天三夜。

9月下旬，参加第一颗原子弹试验的有关领导、工程技术人员、工人、解放军，都陆续到了试验现场。聂荣臻元帅亲自领导，基地司令和物理学家陈能宽具体组织，有条不紊地进行着试验前的各项准备工作。

一座高120米的铁塔矗立在戈壁深处，那是准备放置原子弹的。围绕着铁塔，呈放射状地排列着各种效应物：飞机、坦克、大炮、民用建筑、坚固的工事，以及狗、猴子、老鼠等等，此外，还有各种测试仪器。

为了保证吊运原子弹登塔绝对安全，塔上工作小组每天都要坐吊篮上塔下塔，摸索原子弹登塔时怎样才能万无一失。为了做到在任何情况下都能上塔工作，他们还练习徒手爬铁塔。李觉、吴际霖和我等，也不止一次坐吊篮到塔上进行检查。

我国第一颗原子弹的爆炸试验，是在周恩来总理亲自领导下进行的，张爱萍副总参谋长担任试验现场总指挥，刘西尧副部长任副总指挥，刘杰部长在北京负责前后方与中央的联络。根据试验现场的气象情况，党中央把第一颗原子弹试验的起爆时间定在1964年10月16日15时。起爆时间在技术上叫作"零时"。

　　15日深夜，操作人员非常小心地把核部件装进弹体里。这是一项危险的工作，李觉院长一直守在现场。总装的工序全部完成之后，原子弹稳稳地吊放到转运车上，送到铁塔下面，然后进行交接。我们对原子弹一项一项认真地进行检查验收，我一边验收，一边提醒大家："再想一想，有没有考虑不周的地方。""一定要做到万无一失。"各项负责人都签了字，一切合乎要求，卷扬机起动了，缓缓地把原子弹送到塔顶，技术人员在塔上进行安装、测试，最后插上雷管，所有参加试验的人员都撤离现场，等待"零时"到来。

　　主控站在离铁塔23公里远的地方，李觉院长亲自掌管着控

参加核试验的科学家和解放军指战员合影。前排左二起：张蕴钰、程开甲、郭永怀、彭桓武、王淦昌、朱光亚、张爱萍、刘西尧、李觉、吴际霖、陈能宽、邓稼先（20世纪60年代）

制室的钥匙，这是为了保证塔上工作人员撤离前的安全。随着主控站计数器的"零时"报出，一股强烈的闪光之后，从地面上升起一个巨大的火球，随着惊天动地的隆隆巨响，火球向上升腾，形成巨大的蘑菇云。我国自己设计制造的第一颗"争气弹"爆炸成功了。观察现场一片欢腾，参试人员欢呼着："成功了！""我们成功了！"个个热泪盈眶，激动万分。

一群年轻人过来，围着我欢跳，我激动地说："真有趣，太令人高兴了！"大家又是一阵欢笑。这时候，我们感到特别幸福。

当天晚上，中央人民广播电台就播出了我国第一颗原子弹爆炸成功的新闻，《人民日报》发了"号外"，北京城里沸腾了，全国人民在欢呼！1964年10月16日，是中国人民永远不能忘记的、值得自豪的日子。中国首次核试验的成功，在世界上引起震惊。美苏核大国万万没有想到中国会这么快造出原子弹；世界爱好和平的国家和人们，表示热烈赞扬和支持。中国有了原子弹，使亚洲和世界和平能得到更有力的保障。

法国总统的惊讶

　　在原子弹爆炸前和原子弹爆炸成功后，毛泽东主席两次提出来："原子弹要有，氢弹也要快。"周恩来总理在原子弹爆炸成功后，也提出要加快氢弹的研制。

　　造氢弹，无论是理论上还是制造技术上，都比原子弹要复杂得多。当时国外对氢弹技术严格保密，我们只能自力更生，靠自己摸索。揭开氢弹的谜，从哪里入手呢？核物理学家钱三强早就向国家建议，在研制原子弹的同时，探索氢弹。

　　1960年12月，第二机械工业部刘杰部长提出，核武器研究所正忙着原子弹攻关，氢弹的理论探索工作由原子能研究所先走一步。原子能研究所所长钱三强亲自主持，组织了黄祖洽、于敏（他们都是中科院院士）等一批物理研究人员，开始做热核材料性能和热核反应机理的探索性研究，分析研究基本现象和规律，探讨了不少关键性的概念，为氢弹的研制做了一定的理论准备。1965年初，黄祖洽、于敏等31人就调到核武器研究院（1964年2月核武器研究所改为核武器研究院）理论部来了。

在核武器研究院，由于原子弹爆炸成功，人们受到很大鼓舞，群情激昂。大家按照周恩来总理的指示，在进行原子弹武器化研制的同时，突破氢弹的研制。1965年初，在朱光亚、彭桓武、郭永怀等院长的指导下，首先制订突破氢弹的理论研究计划。

朱光亚是核物理学家，中国工程院院长。1946年，他和李政道作为著名教授吴大猷的助手，到美国去考察，后来在美国密歇根大学学习，研究核物理。新中国成立后，他冲破重重阻力，于1950年初回到祖国，1959年7月1日调入核武器研究所。他思路敏捷，办事干练，作风严谨，有很强的组织才能，是一位出色的科研组织工作领导人。在他的带领下，核武器研究院的科研人员养成了严肃、认真、一丝不苟的工作作风。

理论部组织有关人员认真仔细地讨论了计划，突破氢弹研制的攻坚战开始了。理论部邓稼先、周光召、黄祖洽、于敏等几位主任、副主任，轮流给大家讲课、做报告，组织大家讨论、研究，每天晚上科研大楼都是灯火通明，一直亮到深夜。有些人很晚还不愿意离开，党政干部又多了一项"任务"：动员这些废寝忘食的科研人员注意休息。

9月底，理论部副主任于敏带领一批青年，到了上海华东计算所。经过两个多月的艰苦计算，终于摸到了解决自持热核反应所需条件的关键，探索到了一种新的制造氢弹的理论方案，这是氢弹研制中最关键的突破。经过专家们反复论证，1965年底，理论部拿出了利用原子弹引爆氢弹的理论方案。

接着，在西北核武器研制基地，吴际霖主持讨论了1966年到1967年氢弹研制生产规划。刘西尧副部长在会上提出："突破氢弹，两手准备，并以新的理论方案为主。"中央专门委员会很快批准了这个规划，并且决定新理论设计方案的试验，采用塔爆方式，利用原子弹爆炸的备用铁塔进行。

理论方案确定了，接下来就是进行试验。我是主管这方面的副院长，要考虑怎样选好试验路线。前面说过，不带核反应的叫冷试验。要对氢弹设计方案进行考核，需要用核材料的部件，进行有核反应的热试验。可是，频繁地进行热试验，要花费很大的人力、物力和财力。我国是发展中国家，还不富裕，应该尽可能减少热试验的次数，能用冷试验解决的问题，就用冷试验。

1966年初，我和同志们一起，研究制定了爆轰模拟试验的方案。通过一次接一次的冷试验，很快解决了引爆设计中的技术关键。为了测试、检验氢弹原理的一些数据，理论设计和实验测试两方面的科技人员，共同拟定了有关的试验项目。实验测试人员做了大量巧妙而有效的工作，在氢弹研制突破中，起了重要作用。我国能赶在法国前面把氢弹研制出来，关键之处就是理论和实验紧密配合，理论设计人员与实验、加工、测试人员团结协作。

在氢弹研制突破的过程中，我很忙，从核材料部件的研制，到产品设计、爆轰实验、物理测试，我都要过问；研究室、车间、实验现场、试验基地，我都要去。我在现场帮助他们解决问题，进行把关。我要求大家按周恩来总理的要求，像完成第一颗原子弹的研制工作那样，"严肃、认真、周到、细致"地完成各项任务。

1966年5月7日，我们进行了一次含有热核材料的原子弹试验。这次试验理论设计人员与实验人员配合得非常好，试验结果很成功，热核反应过程与理论预测基本一致，为氢弹的理论设计取得了重要数据。

这一年年底，我们准备按新理论方案设计的氢弹原理进行试验。那时候，大西北核武器基地的试验场，气温已经是零下三十多度。参加试验的人都住在野营帐篷里，里面铺了木板，有一堵墙，倒是不冷，可是一出帐篷，刺骨的寒风一吹，眉毛胡子都结上了白霜，真冷啊！我白天到各个工号、工作区，逐项检查、验收；晚上把工作人员叫来讨论。我反复对他们说，要尽量减少热核试验的次数，每次试验，不仅要做到"万无一失""一次成功"，而且要争取做到"一次试验，多方收效"，尽可能多地拿到测试数据和结果。我们每天都工作到深夜。

理论部副主任周光召、于敏带领理论部的参试人员深入实际，对测试项目进行现场分析。为了捕捉到所需要的信号，他们经常反复推敲，调整测试量程。他们与实验部的科研人员配合默契，在查漏补缺中起了重要作用。

一切准备工作就绪之后，12月28日我们成功地进行了氢弹原理试验。结果证明新的理论方案既先进，又简便，切实可行。

从第一颗原子弹试验成功，到这次氢弹原理试验成功，我们仅仅用了两年零两个月。这两年多时间，对我们核武器研究院来说是很关键、很宝贵的。那时候，"文化大革命"已经开始，科研大楼贴满了大字报，就是在那种情况下，第二机械工业部刘西尧副部长、李觉院长等党政军干部的组织领导工作，朱光亚、彭桓武和我等负责的科研组织管理工作，仍然紧张而有序地进行着。

试验时，国务院副总理聂荣臻亲自到试验场主持，国防科工委副主任张震寰是现场总指挥。当蘑菇云腾起的时候，聂荣臻副总理非常激动，紧紧握住我的手说："王院长，怎么样？"我也紧紧握着他的手，深深舒了一口气，说："不轻松。"这次试验非常成功，是一次重大的突破，但是要真正把氢弹送上天，还有许多工作要做。

　　那时候"文化大革命"正进行得轰轰烈烈，不少领导干部靠边站，我这个副院长要抓生产，抓实验，做好科学技术的组织管理工作，有多难啊！氢弹的研制、加工十分复杂，不仅组织管理工作十分繁重，技术上也比原子弹要求更高、更严格，因而更需要巨大的"聚合力"。

　　根据聂荣臻副总理的指示，试验结束后，我们从新疆戈壁回到了青海草原，加紧进行我国第一颗氢弹的设计、试验、

王淦昌与核物理学家于敏在一起（1989年4月）

王淦昌与聂荣臻（中）、朱光亚（右）在核试验基地（上世纪60年代）

加工、装配等各项工作。到1967年5月，第一颗氢弹的加工装配以及试验准备工作全部完成。

我们打算采用飞机空投进行试验，所以安全工作很重要，核试验基地、航空部、人民解放军空军等单位都参加了有关安全工作的论证。1967年6月17日，在周恩来总理亲自安排下，聂荣臻副总理亲自到现场指挥。一架高速飞行的飞机，在我国西北大漠上空，成功地抛出了一颗比原子弹威力更大的氢弹。

我国第一颗氢弹爆炸成功，提前实现了毛泽东主席在1958年提出的"搞一点原子弹、氢弹，我看有十年完全可能"的预言。从原子弹到氢弹，美国用了七年零四个月，苏联用了四年，英国用了四年零七个月，法国用了八年零六个月，而我们中国只用了两年零八个月。中国不但是全世界核武器发展速度最快的国家，而且成为继美国、苏联、英国之后，第四个能够制造氢弹的国家，赶在了法国的前面，在全世界引起了巨大的反响。

十几年之后，法国一位著名的核科学家到中国来访问的时候，向中国同行打听说："你们氢弹搞得这么快，赶在我们前面爆炸成功了，到底有什么诀窍？当时戴高乐总统非常震惊，还批评了我们。"小朋友们，你们看了上面的故事，对戴高乐总统的提问，能够做出回答吗？

中华民族已经站起来了，有中国共产党的领导，有一大批为国家和民族的振兴而默默奉献的科技人员、干部、工人和解放军，正如毛泽东主席所说："只要有人，又有资源，什么奇迹都可以创造出来。"

三次地下核试验

　　1969年初，党中央决定在国庆20周年大庆之前，进行我国第一次地下核试验。我一直积极倡导地下核试验。当时"文化大革命"还在进行，一些领导干部还不能出来工作，组织第一次地下核试验的任务就落到我的身上。

　　按照国家的部署，地下核试验的理论设计工作在于敏的领导下很快开展起来，他们及时地提供了原子弹装置的理论设计方案。这样，我就要到青海核武器研制基地去，与实验人员、理论设计人员一起进行方案的讨论、测试等各项工作。

　　那时，青海核武器研制基地也陷入了混乱之中，许多党政干部、科研和工程技术人员都被扣上了"叛徒""走资派""反动学术权威"等等帽子，知识分子人人自危，谁还有心思搞什么试验！面对这种情况，我心里非常着急，反复地向大家做动员："地下核试验有深远的意义，它可以进行近区物理测试，能够测到空中爆炸所测不到的数据，我们必须抓紧时机，竭尽全力，以最快的速度通过地下核试验这一关。不能因为'文化大革命'影响工作。"

我到科研室去，那里只有几个人；我到车间去，一个人也没有。晚上，我到车间主任李必英的宿舍去，动员他出来安排生产任务。他说："王老啊，您知道，我们已经被夺权了。"他又说，"食堂也没有人做饭，不好办啊！"

我想了想说："能不能把家属组织起来，给大家做饭呢？"

"能组织起来，可是谁给他们发工资呢？"我听了这话，想也没有想，脱口就说："我给他们发工资，用我的钱。"

李必英笑了，说："王院长啊，您给他们发工资，您有多少钱？这可不是您从前出差不报销卧铺票那点钱，这笔钱您出得起吗？"我想想，是啊，我的工资的确开不出这么多钱来。

李必英虽然很为难，但他还是以事业为重，答应尽快组织工人。他提出来："只是车间动员起来不顶用，汽车队不给拉产品还是不行。"

我就去找汽车队，请他们组织人拉产品。"文化大革命"中有两派群众组织，我到他们的司令部去做说服工作："我们要顾全大局，以国家利益为重，团结起来，共同做好地下核试验工作。""大家想一想，现在是什么时候，我们的时间很宝贵，与西方核大国比，谁赢得时间，谁就有主动权。"我还到职工宿舍去，一个一个地动员科技人员、工人。

到了北京，遇到基地的人，我就告诉他们："要做地下核试验了，快回去吧！"有回家探亲的，我就到他们家里去动员。我还委任了第一次地下核试验作业队的队长、副队长。这些同志真不错，他们都很理解我的心情，也愿意为国家的强盛多做贡献。他们都陆续回到了各自的工作岗位。别看他们各派群众组织之间对立情绪很大，双方辩论起来，唇枪舌剑，互不相让，但工作起来，谁都不谈"运动"，全身心地投入工作，而且合作得都很好。我真佩服他们，也喜欢他们，他们爱国，事业心强，都是好样的。

高原上严重缺氧，那时我已是年过花甲的老人了，比不上那些年轻人，渐渐地我的身体支持不住了。可是任务那么紧，项目又多，有一项赶不上进度，就会影响试验，所以，我仍坚持每天到科研室，到车间去。缺氧气喘，实在跑不动了，我就在办公室接上氧气办公。有时候还背着氧气袋到生产第一线去。后来，医生强迫我去住医院，我在医院里休息了几天，就跑出来了。

回到研制基地，我又开始抓试验产品、测试准备工作的落实。有一件重要测试项目的试件，是放射性物质，加工难度大。当时要装车的列车发车时间要到了，而试件还没有加工好，怎么办呢？真让人着急。我在车间待着也不敢催，怕催急了出废品，我鼓励他们一定要保证质量。后来，车间副主任亲自上机床加工，使这个样品达到了精度要求。当我们带着加工好的样品赶到车站，刚把样品装上车，汽笛就响了。

我和试验队一起去试验现场。一下飞机，我赶紧检查产品、样品，我很担心这些娇贵的东西经不起旅途的折腾。地下坑道里，通风设备比较简陋。坑道有些地方是弯道，这样测试间新鲜空气进不去，里面既阴暗，又潮湿，工作条件非常差。有的技术人员在里面一干就是十几天，很艰苦。

当产品搬进洞之后，剂量监测人员发现超剂量。我在洞里听着探测器发出"嗒嗒嗒"的响声，心里很着急，这是什么原因呢？是产品本身的放射性物质泄露，还是洞里有贫铀矿？我马上组织人做进一步监测，分析原因。把产品从洞里搬出来，剂量仍旧没有降下来，洞里也没有发现贫铀矿。最后，终于查出了"罪魁祸首"——氡气。

氡气是一种有放射性的有毒气体，对人的呼吸系统、特别是肺部影响比较大。为了大家的健康，我立即组织人员采取措施，加强通风。我要求大家不要在洞内吃东西，不要在洞内喝水，防护口罩改为一次性使用。有些解放军战士不在意，仍在洞内吃饭，我一次一次地提醒他们，请他们到洞外去吃饭。有些技术人员又心存疑虑，始终不放心，我就实事求是地向他们说明情况，要他们尽量在洞外把准备工作做好，缩短在洞内的工作时间。

我坚持在洞里和大家一起安装、调试仪器设备。为了使这次地下核试验做到领导要求的"四不"——"不冒顶，不哑炮，不误爆，不放枪"，我组织查漏补缺。一切都验收之后，我想到要一次成功，有点放心不下，就围着产品又查看了一圈，最后才离开现场。

工程兵封好洞口后，又发现了问题：控制台的电源不通。电源不通，就不能起爆，最后只好又把洞口打开。我们进洞去一项一项地查找原因，才知道原来是干燥剂把蓄电池里的水吸干了，使箱子里的酸变浓，造成电源不通。我们还发现有一处电线"脱臼"。

1969年9月23日，也就是党中央要求的国庆节前，进行了我国第一次地下核试验。这情景和空中爆炸不一样：随着一阵闷雷声，山峦突然剧烈地跳动起来，顿时尘土飞扬，山上的花岗岩变幻着颜色，石块哗哗往下滚，轰鸣声持续了好几分钟。

周恩来总理和党政军领导在人民大会堂接见参加第一、第二颗原子弹爆炸成功的有功人员。前排左三为邓稼先，左十为聂荣臻，左十一为贺龙，左十三为邓小平，左十四为王淦昌，左十五为周总理，左十六为林彪（1965年，照片为局部）

　　这次试验是成功的，大家很高兴，我却感到还有遗憾。试验之前，大家做了很多工作，克服了不少困难，安排的测试项目非常全，这是很不容易的。但是由于没有经验，我们对新情况下电磁干扰认识不足，这样，在试验之后，没有能够拿到预想的测试结果。后来在总结时，我特别提到了这一点，提出以后要加强抗电磁干扰的措施。

　　由于"文化大革命"，我国的地下核试验中断了一段时间，一直到1975年才进行第二次地下试验，1976年进行第三次地下试验。这两次试验也由我现场指挥，到第三次试验时我已是年近古稀的老人了。不过我的老毛病还是没有改，我一直坚持在第一线，坚持亲自检查，逐项验收。

　　第二次试验，同志们按要求一丝不苟地完成了各项准备工作，满怀信心地向我做了汇报。我听完汇报，就要进洞去做最后的现场检查。当时洞内的回填工作已在进行，再进洞去是比较困难了，有许多地方只能爬行，而且光线很暗。大家劝我不要去了，他们可以保证工作的质量，不会出问题。但是我想到我肩负的责任，坚持要做最后一次检查。

我爬进洞里，仔细地检查了每一个实验装置的结尾准备情况，一个部件一个部件地看，有我认为不放心的地方就问他们。他们确实干得不错，最后我对他们说："我现在可以放心了。"这两次地下核试验，我们都注意了加强抗干扰工作，试验都很成功。特别是第三次试验，彻底解决了抗干扰问题，测到了几百个预想的数据，获得"全面大丰收"。

就这样，仅仅三次试验，我国就顺利地通过了地下核试验的技术关，为核武器的发展创造了良好的条件。

特殊的X光机

　　还是在开始研制原子弹、做爆轰实验的时候，我就想造X光机了。炸药爆炸的原理是核材料往里压缩，达到一定限度，就引起爆炸。怎么能够知道在这短短的一瞬间，核材料压缩的速度、温度、压力，以及其他物理参数呢？怎么能够知道里面的能量、密度的分布情况呢？我反复思考这些问题。

　　我认为，在核武器的研制中，必须掌握物理作用的全过程。要掌握全过程，首先要掌握核反应前的爆炸压缩过程。要是有相应的照相设备，进行闪光照相，就可以看到清晰的图像。为了达到这个目的，我想了不少办法，进行过多种尝试。我首先想到的是用X光。那么，怎样探测X光呢？

　　我想到云雾室照相法，用它来试验X光照相的效果行不行呢？我把云雾室设备拿出来。在拍摄γ射线的时候，有一位新同志怕放射性，操作姿势不对。我一看就生气，这有什么可怕的嘛。我对他说："像你这个样子，能照得上什么，走开！"我自己操作起来。第二天，我又想起了这件事，觉得自己对一个新同志发火不应该，就去找那位同志道歉："对不起，昨天我脾气不好，太急了，请你原谅。"我对他说："我们在杜布纳工作的时候，为了发现反超子，日日夜夜不停地拍片子，拍了成千上万张。对于每一张片子都仔细检查，不让需要的片子漏掉。如果漏掉了，那将是终生的遗憾。"

拍摄下来的照片，我都要亲自检查，这已成习惯了，也是一个科学工作者应有的作风。晚上，我们经常工作到很晚才回家。有时忘了时间，干得太晚了，大门已经上锁，我就在办公室的沙发上睡觉。

一次又一次实验，都不成功。我想，用火花室来探测X光试试。有一天，我们计划研究一个火花开关的过程。到了实验室，我看到仪器设备乱七八糟地放着，一个人也没有，很恼火。我又到了几个办公室，也都没有人，最后，总算找到了一个人，他叫刘锡山。我问他："小刘同志，人都哪里去了？"刘锡山说："王老师，下班时间早过了，人都吃饭去了。走吧，王老师，吃饭去，要不就饿肚皮了。"

这时候我哪儿顾得上肚皮，我一边叫刘锡山跟我一起收拾仪器，一边自言自语："吃饭急什么，做科学研究工作的人，就没有上下班之分！也没有星期天！科学工作者必须有牺牲精神。一个人如果没有牺牲精神，怎么能做好科研工作。不想问题，不关心问题，就出不了成果。"刘锡山一边往箱里装仪器，一边默默地听着。嘿，没有想到，他把我说的话都记住了。第二天，这些话就在年轻人中传开了。他们工作更加勤奋，白天黑夜连着干。但结果还是不理想，闪出的火花太弱了。我又想到用像增强器，但是，由于当时条件不够，而爆轰实验工作又迫在眉睫，只好把这件事暂时放一放。

但是，我脑子里，从来没有把研制大型X光机这件事情放下。1962年，朱光亚也主张开拓加速器。于是，我们指导青年科技人员制定了"电子直线加速器方案"和"电子感应加速器方案"，分别与原子能研究所和一机部电器科学院协作。就在这一年，建成了第一台高能闪光X光机。1963年这台闪光X光机投入使用。1964年，更大的闪光X光机又研制出来。

"文化大革命"开始之后，我们用了3年时间，调试出我国第一台强流电子感应加速器。但是，随着我国核武器研制工作的进展，闪光照相技术仍然满足不了要求。我常想，闪光照相这项工作，与国外相比，虽然我们还存在很大差距，但是，经过这几年的锤炼、提高，我们已经造就了一支过硬的技术队伍，要在下个世纪赶上世界先进水平，通过努力，是能够实现的。

在"文化大革命"中，常有想不到的事情发生，我们不得不把X光机的研究停下来。1970年，在青海草原，夺了权的造反派头头搞法西斯专政，制造冤假错案，使许多干部、工程技术人员、工人及家属遭受迫害。在这种情况下，我仍坚持在科研生产第一线上，抓大型X光机的研制。

有个核部件的体积要缩小，专家们论证的时候，提出某些材料在高压状态下，轻重两种流体界面存在不稳定状态的问题。彭桓武、郭永怀两位科学家也肯定了在高压状态下，轻重两种流体界面存在着"泰勒不稳定性"问题，这会影响正常动作。就像在油的上面有一层水一样，只要外界轻微搅动，这两种流体的界面就不能保持稳定。油水混合后，就燃烧不起来了。

我专门赶到现场看样品实验，并且主持用X光机照相，但是X光机的穿透能力始终达不到要求。

在一次工作会议上，一位年轻同志做了一个报告，提出土法上马的实验没有发现"界面不稳定性"。这时，造反派头头就借这个机会，批判"反动学术权威""理论脱离实际""崇洋媚外"，并且在会上强迫我表态。这是科学问题，科学家应该坚持真理，所以我理直气壮地说："刚才那位同志报告的结果，说明在一维平面情况下，材料并没有熔化，还应当进一步继续做实验。""泰勒不稳定性是客观存在的，我们是科学工作者，在科学研究中必须实事求是。我在研究院待了这么多年，还没有能够把X光机的能量搞上去，今天，我再次呼吁：我们一定要组织力量，研制X光机，这对我们目前和今后的工作都是十分重要的。我认为，这个意见是不会错的。不研制出大型X光机来，我死不瞑目！"

王淦昌在九院检查激光器（1985年）

我的表态，出乎他们的意料，他们虽然心里不高兴，但是一时也想不出什么办法来。会后我反复思考，觉得应当找那个年轻人谈一谈。我找到做报告的那个同志，对他说："年轻人，你这个想法是不对的。你在会上介绍的情况只是在一维平面下，所以反应并不明显。泰勒不稳定性是客观存在的，对于这个问题不能忽视。目前，内爆压缩情况我们还不能测出来，我一定要想办法把它测出来，测不出来，我死不瞑目！"那个青年人被感动了。

　　但是，以后我的日子不好过了，不仅我提出的意见不被重视，而且开批判会的时候，常常让我坐在小板凳上"受教育"。我很痛苦，怎么也想不通究竟错在哪里。我对他们说："你们不要再批判我了，我究竟有什么错？我这样一心一意为国家工作，怎么是'反动学术权威'？怎么是'洋奴'？怎么是'崇洋媚外'呢？"同志们还是了解我的，也很同情我，但是他们也没有办法，只能在下边安慰我。有些同志晚上悄悄到我的宿舍来，和我聊天，帮我解闷。

　　政治上的高压使我的血压升高，再加上工作劳累，有一天，我在厕所里晕倒了。当我醒过来的时候，我自己也觉得奇怪：怎么躺在厕所里？我很费力地慢慢爬起来，心里想：无论发生什么事情，我对国家的忠诚不会变，追求真理的决心不会变，几十年来我一直是这样做的，今后我仍会坚持这样做。我对身边的工作人员说："总有一天，我们会通过科学实验来证明，泰勒不稳定性是客观存在的；为了国家的核武器事业，我们一定要研制出大型X光机来。"

　　1975年4月，我在苏州主持召开了强流脉冲电子加速器方案论证会。国家科委原来打算把这项任务交给外单位，我考虑到核武器事业发展的迫切需要，把这项任务争取过来。在论证中，我们核武器研究院的技术人员，大胆提出做6兆电子伏的设计方案，我全力支持。

从1976年开始设计，到以后的加工、安装、调试，我一直关心着这项工作，为他们出主意，想办法。他们艰苦奋斗了六七年，在有关部门和单位的协作与支持下，终于在1981年建成了强流脉冲电子加速器，1983年顺利通过了国家鉴定。这样，我国的闪光机进入了世界先进水平的行列，我非常高兴。这套设备为我国核武器事业做出了重要贡献。这项工作获得了国家科学技术进步一等奖。

1978年，我调回北京，任原子能研究所所长。但是，我还是核武器研究院的高级顾问，我一直关心着核武器事业的发展，关心着大型加速器的研制。1984年，我向核武器研究院提出了新的目标，并且在北京主持召开了强流电子直线感应加速器的物理方案论证会。我要求他们一定要采用新技术，实现指标上的突破；同时

王淦昌在原子能研究所（1985年）

还要快，要不失时机。

这一批中青年科技人员非常努力，强流电子直线感应加速器又研制成功了。张爱萍将军非常高兴，为之题词："闪光——闪光——再闪光！"

我认为，搞科学研究应该紧紧跟踪国际前沿课题。在大加速器验收之前，胡仁宇、陶祖聪两位同志提出建造更大的电子直线感应加速器，先做10兆电子伏的，再做20兆电子伏的。我支持。他们通过各种方式，把工作进展情况告诉我，我也及时给他们提些意见和建议。这方面的技术，西方发达国家是保密的。胡仁宇他们全部采用国产材料和器件，高质量地设计和研制成功了10兆电子伏直线感应加速器，很了不起。

1994年鉴定会，我没能去参加，他们派了两位同志带着资料，专程到北京来向我汇报。我听了很高兴，对他们的工作非常满意。我对他们说："你们这个工作做得很不错。你们都还年轻，很有发展前途，要继续努力工作，要赶上和超过外国人。外国人能做的事情，我们也能做。"我还对他们说："现在加速的是电子，能不能再加速离子？这样就可以做惯性约束核聚变工作了。"

后来，我又给研究院打长途电话，讲了我在技术上的想法，还叫人专门转交研究院一封信。我告诉他们：我觉得这个加速器比10年前我参加研制的6兆电子伏（脉冲）闪光—1号加速器好得多，并且对几位领导及研制这个高质量设备的同志们致以崇高的敬礼，希望他们乘胜前进，做出更多更好的装置，为满足核武器发展的更高要求继续努力。

这个10兆电子伏直线感应加速器，是我国唯一的强流电子直线感应加速器，也是当时亚洲最大的感应加速器，它的主要技术水平已经接近美国同类加速器的先进水平。它不仅是我国核武器研制的关键设备之一，而且在高技术激光研究和其他军事应用研究领域内也有重要作用。如果再研制出20兆电子伏的感应加速器，那将是"一条龙"，它们在高新技术领域内将发挥无可估量的作用。

总装备部的领导和院士看望康复出院的王淦昌。左二起依次为李继耐、陈芳允、王淦昌夫妇、钱绍钧、程开甲（1998年春节）

在所长的岗位上

1978年3月，还在九院工作的我到北京参加全国科学大会。大会给我很大的鼓舞。邓小平同志在大会上的讲话，澄清了两个问题：第一，科学技术是生产力；第二，中国的科学技术队伍是工人阶级的一部分。邓小平同志说出了我们心里想说而不敢说的话，肯定了科学技术是生产力，科技人员与工农群众一样，都是劳动者，今后我们可以放手大胆地工作了。

大会结束后，我回九院（那时已搬到四川）。没有过多久，6月16日，国务院任命我为第二机械工业部副部长。7月20日，又任命我兼任原子能研究所所长。于是，我从四川回到了北京，回到了离别17年的原子能研究所。

10年"文化大革命"，在原子能研究所留下了一些后遗症。科技管理体制被打乱，科研生产的正常秩序被破坏，特别是在人们思想上、心灵上留下了难以弥补的伤痕。我想要改变这种状态，首先要加强学术和行政领导，要抓好科技队伍的建设。记得在1961年我离开原子能研究所的时候，所里正副研究员和高级工程师有50多人，其中许多是国内外知名的科学家，而1978年这样的技术人员还不足10人。这种状况怎么能适应原子能事业发展的需要呢？

7月21日，我主持成立了新一届原子能研究所学术委员会，委员有所内的，也请了一些所外的。所外的都是国内外知名科学家。学术委员会成立后第一件事，就是请学术委员们对科技人员进行考核。7月22日，第二机械工业部党组任命了几位副所长。这样原子能研究所的行政领导班子也建立起来了。

我在原子能研究所干部会议上讲话，主要强调三点：第一，要实事求是。一方面要看到20多年来原子能事业的发展，另一方面也要看到这些年由于林彪、"四人帮"的干扰破坏，我们同国际水平的差距拉大了。我们要本着实事求是的精神，制定科研方向、任务、规划，不说空话，尽快赶上世界水平。第二，要有集体主义精神。搞科学研究和搞任何工作，都要有集体主义思想，要依靠群众智慧，要依靠集体力量。第三，要赶上形势。党中央在科学大会上发出向科学技术现代化进军的号召，形势大好，形势喜人，我们的思想也要跟上形势的发展，绝不能安于现状。最后，我也向大家表示：我一定不辜负党的信任和期望，和全所职工一起，在所党委的领导下，团结一致，同心协力，把工作做好，为发展原子能事业做出贡献。

原子能研究所原来的副书记、副所长李毅同志，是1935年参加革命的老同志，在"文化大革命"中被打成"叛徒"，1978年6月才被落实政策。我到他家里去看望他，动员他回原子能研究所工作；同时，向第二机械工业部党组建议，安排李毅同志回所工作，恢复他原来的职务。党组同意了。有李毅同志协助我工作，我的担子就轻松了一些。

在李毅同志的协助下，经过调查研究，我们首先把通过严格考核，成绩突出，准备晋升为研究员、副研究员或者副总工程师的38位同志，请学术委员会评议，通过后报送第二机械工业部审批。接着通过考核，又将45位同志提升为高级技术人员，400多位同志提升为中级技术人员。同时，我们还对一些使用不当的科技骨干，进行工作调整，充分发挥他们的才能。这些工作，增强了全所科技领导力量，调动了科技人员的积极性。

同时，我们还聘请所外的一些专家来所工作或兼职。如：聘请以前曾在原子能研究所工作过的梅镇岳任兼职研究员，指导中微子质量的研究；请黄祖洽于1980年至1983年回所兼任副所长，领导原子核物理与核数据编评工作（此时黄祖洽在北京师范大学任低能物理研究所所长）。地质学家李四光的女儿李林，是金属物理与材料科学专家，曾经在原子能研究所担任过六室主任。1981年六室开展离子注入研究金属材料，我们把她请来指导工作，任兼职研究员。王乃彦原来是原子能研究所的助理研究员，后来到苏联杜布纳联合原子核研究所工作，回国后就调到九院参加核武器研制。我决定在原子能研究所开展惯性约束核聚变研究，就想到他，九院开始不肯放，很费了一番心血，才把他调过来。

对所里的业务领导干部，我要求他们不脱离科研一线工作，这也是对我自己的要求。所务会议讨论通过了《关于保证业务所长副所长业务室主任副主任工作时间的暂行规定》，规定星期一到星期五上午业务领导都要深入科研生产第一线指导工作，或者直接参加一项具体业务工作，或者参加学术活动，进行文献调研；下午办理其他公务或者参加会议。

十年动乱后，所里学术空气沉闷。我竭力提倡开展学术活动，举办学术报告讲座；我要求搞物理的室和有关部门、车间要坚持定期举行学术讨论会。我很喜欢参加学术讨论会，这是学习的好机会，可以学到从文献资料中所学不到的东西，通过讨论还可以互相启发。我参加学术讨论会爱提问题，发表自己的见解。我还邀请所外的专家和外国专家到所里来做学术报告，开展学术交流。这对于开阔科研人员的视野，了解其他学科的进展，都是有好处的。

1981年，我和所里几位副所长、专家分析了原子能研究所科技队伍结构不合理、比例失调和老龄化的问题。经过讨论，我们认为通过招收研究生，吸收优秀的大学毕业生到系统工作，是改变原子能研究所科技队伍结构不合理问题的切实可行的办法。于是，我们联名写信给刘伟部长并转张爱萍副总理，建议在原子能研究所办研究生部，开设各方面专业所需要的课程，教师大多数可以由原子能研究所的高级科技人员担任。1985年，核工业部研究生院正式成立，由汪德熙教授担任主任。

我在原子能研究所工作期间，还做了几件重要的工作：

一件是改建反应堆。改建旧反应堆的工作难度很大，特别是反应堆有很强的放射性。我对反应堆不很内

王淦昌（左）和王乃彦（右）在检查惯性约束核聚变的部件

王淦昌与中国工程物理研究院理论设计工作者合影（右二为院长胡思得）

行，就多听专家的意见，经常向主管所领导和工程负责人了解情况，对安全防护提出要求。由于大家艰苦努力，只用了一年零七个月时间，反应堆就改建成功了。它的技术性能超过了旧反应堆的设计指标，热中子通道及活性区内可以利用的实验孔道增加了一倍多，而总投资却只有建一座新反应堆的十分之一。这项工程先后获得国防科工委重大成果奖、国家建委优秀设计奖和国家科学技术进步一等奖。

反应堆建好后，不仅增强了生产放射性同位素的能力，还增强了开展物理实验、中子活化分析以及在与国民经济有联系的其他领域应用的能力。但是，与国外相比，反应堆外围的物理实验工作不够活跃。我在一次学术委员会上特别提出这个问题。

我认为反应堆外围的物理实验，是一项很重要的工作，只有把外围的实验设施搞起来，才能充分利用反应堆产生的中子。我们还要吸引所外科研人员来做工作，不能把中子白白浪费掉。我支持成立中子散射应用研究室，由原子能研究所、中国科学院物理研究所共同与法国原子能总署合作，在反应堆旁建造冷中子源，开展凝聚态物理研究。

再一件是1979年4月14日，国家科委、国防科工委批准在原子能研究所增建一套串列加速器及相应的辅助工程。加速器是从美国引进的，这项工程完成后，对改变原子能研究所的科研设备面貌，提高科研工作水平有重要的作用。为了尽可能多地利用这台加速器开展核物理研究工作，我几次要求主管局增加科研投入，多安排一些束流管道。

1986年5月，串列加速器建成了，我亲自主持召开北京国际串列物理讨论会，有美国、英国、日本、丹麦等11个国家的150多位代表参加。1987年底，我和钱三强等25人联名给国务院领导写报告，提出《关于充分发挥大型科研装置的作用，组建国家实验室的建议》，提议成立几个国家实验室，并且由国家拨款解决实验室所需要的经费。1988年12月，北京串列加速器核物理国家实验室正式成立了。

1981年初，我听到一个消息：每年我们国家要花100多万美金从国外购买同位素。你们知道同位素是什么吗？

原子是由原子核和绕核旋转的电子构成的，原子核里有质子和中子。科学家发现，有些原子的化学性质几乎完全相同，而它们的重量却不同，这是怎么回事呢？原来这些原子中的电子和质子的数目相同，而中子的数目不同，科学家就将这些原子称为"同位素"。例如氢原子有3种同位素：普通氢原子核只有1个质子，没有中子；极少数的氢原子核里有1个质子和1个中子，这种氢被称为重氢，也称氘；还有一种氢原子核有1个质子和2个中子，被称为超重氢，也称氚。比如铀的几种同位素都有92个电子和质子，有一种同位素有146个中子，质子和中子加起来是238个，这种同位素就称铀238，还有铀235、铀234和铀233，你们知道它们各有多少个中子吗？同位素在工业、农业、医学和科研上都有很多用处，并且推动各门科学加速发展。

在原子能研究所学术委员会扩大会议上，我讲了这件事，提出我们能不能经过自己的努力，不进口或者少进口同位素。我们要努力增加产量，提高质量，扩大新品种的研制，除了满足国内市场的需求外，还要争取外销。之后，在一次所务会议上，我们专门讨论研究了同位素生产研究部的工作。在全所讨论全国科技工作会议制定的方针之后，我对原子能研究所的方针、方向提出建议："重应用，固基础；利民生，挖潜力；发挥才智，多出成果；发扬民主，集思广益；加强团结，为国出力。"

1981年春天，第二机械工业部与国防科工委联席会议提出了"保军转民"的方针，在所党委会议上我发了言，认为贯彻核工业"保军转民"的方针，要把重点放在核能和核技术的开发利用上，原子能研究所尤其要把同位素尽快搞上去，要注意在科研工作中安排为国民经济建设和学科发展服务的应用研究和应用基础研究。

作为所长，要做的事情是很多的。有一项工作我还要讲一讲，这就是我一直关心的，也是我最想做的"惯性约束核聚变"。原子能也叫核能，分为裂变能和聚变能两种。从20世纪40年代起，人们已经掌握和利用了裂变能，并且在50年代建设了原子能发电站，为人类造福。从50年代开始，人们又在进一步探索核聚变能的利用。

什么是核裂变呢？核裂变是重的原子核分裂成两个质量差不多的原子核，同时放出两三个中子。科学研究又发现，两个重量轻的原子核发生核反应以后，会聚合成一个比较重的原子核，同时放出能量，这就叫聚变反应。聚变比裂变放出的能量要大很多很多。太阳放出的能量，就是轻原子核聚变产生的。氢弹是核聚变武器，但是，一直到现在，人们还不能对核聚变反应进行控制，转为民用。因为核聚变的能量巨大，它的反应温度有几千万度，这么高的温度，现在人们掌握的任何容器都会被熔化。

　　为了控制聚变反应，现在人们有两种办法：一种是采取磁场约束，就是把聚变物质架空在一个比普通磁铁强度大几万

王淦昌（左二）在中国科学院高能所聆听邓小平同志关于发展高科技的讲话（1988年）

倍的磁场中，对反应加以控制；再一种是激光或粒子束约束，就是利用聚变物质的惯性，在它还没有来得及从反应区飞散的时候，用激光或粒子束加热点火，引起聚变反应，并加以控制。不少国家都建起了受控核聚变研究装置，许多核物理学家在从事受控核聚变的研究；我国也有这方面的研究装置，有一些人在研究。我希望原子能研究所也能在核聚变方面开展研究，创造新局面。

1978年9月的一天，我在所里做了一个"粒子束惯性约束核聚变"的报告，介绍了国际上有关这方面研究的发展概况、存在的问题，并且提出要用最快的速度，在一两年时间内，建一台强流脉冲电子加速器，开展电子束惯性约束核聚变的研究。大家对我的报告很感兴趣，阶梯教室里挤满了人，会后，许多做核物理和加速器研究的科研人员报名要求参加这项研究，有两位电工师傅也报了名。我请王乃彦同志当组长，找报名的同志一一面谈，了解他们参加这一工作的想法，进一步向他们讲明这项研究的意义，鼓起大家干好这项工作的决心和信心。

1978年11月9日，电子束惯性约束核聚变研究小组正式成立。小组成员们以极大的热情投入工作，只用3个月的时间，就完成了加速器的物理设计、工程设计。之后，我带着研究组的同志到实验工厂，向工厂负责同志说明加工要求，商讨加工中的问题。

1980年的夏天，工厂高质量地完成了加速器主要部件的加工。有几位美国科学家来参观时都连连赞叹，说："你们研究所的实验工厂能在这么短的时间，加工出这样高质量的加速器，真是了不起。即使在美国，这也不是一件容易的事情。"

在这同时，我利用出国的机会，参观国外的惯性约束核聚变实验室，了解国外同行的工作情况和发展方向。美国海军实验室的一台聚变装置，用水做电介质，这是一个"冒险"的决定。一般人认为水是导电的，怎么能做电介质呢？那里的科学家决定试一试，结果证明效果良好。水的介电常数大，在短脉冲的条件下使用，是完全可行的。美国同行的工作，对我很有启发：作为一个科学工作者，首先要敢于大胆设想，只有这样，才能闯出新路子。再就是光有新思路还不够，最重要的是"干"，要自己动手做实验，实践是检验真理的唯一标准嘛。

回国后，我就给大家做报告，介绍国外的情况，也谈自己的感受。这样的报告，大家很欢迎。

1980年12月5日，强流脉冲电子加速器第一次出束成

王淦昌参观高能所对撞机（1990年）

王淦昌在疗养院（1984年）

功。1981年2月，我们根据工作的进展，决定成立惯性约束核聚变研究室。1981年底，加速器经过调整，达到了设计指标。加速器建成后，我们开展了强流电子束和物质相互作用的物理机制的研究。我和王乃彦带领研究生在几个方面的工作中都取得了比较显著的成绩。这台加速器为电子束惯性约束核聚变和后来的电子束泵浦氟化氪激光惯性约束核聚变，提供了有力的工具。

好了，工作就讲这些。下面我想告诉你们我个人的一件大事，这就是1979年10月20日，我光荣地加入了中国共产党。

那时我已经是70多岁的老人了，为什么还要加入共产党呢？简单地说入党可以多做工作。几十年来，我亲身体会到，曾经灾难深重的中华民族，在有了中国共产党的领导之后，才有了尊严，有了力量，中国人民才有了今天的幸福生活。我们这样一个大的国家，没有共产党的坚强领导，要建设社会主义强国是不可能的。经过了十年动乱的曲折，党的十一届三中全会的召开，我更加深信中国共产党能够依靠自己的力量，纠正错误，端正航向，团结并带领全国人民建设社会主义，走向共产主义。因此，我决心加入中国共产党，为社会主义现代化建设，为共产主义事业奋斗终生。我心里这样想，入党申请书上也是这样写的。

大家说我入党之后，好像变得年轻了，干劲更足了。这主要是入了党，我有了更加明确的奋斗目标，感到肩上的担子更重了，只想着多做工作，时间好像不够用似的。时间就是生命，我们上了年纪的人对这一点深有体会。我们拼命地工作，想尽力把科研搞上去。我常常对惯性约束核聚变研究组的同志们说："要快，要加快节奏，要快些拿出成果来。"共产党员就应该这样工作。

1981年10月30日，在原子能研究所第四次党代会上，我当选为党委委员。我很感动，这是党员同志们对我的信任。

我在会上说：我对原子能事业有深厚的感情，对原子能

王淦昌在认真读书

研究所也有深厚的感情，总希望把它搞得更好一些。但是由于种种原因，主要是因为自己能力太差，年龄太大，力不从心了，没有力量去各方面奔走，深入研究也不够，没有达到我的愿望。原子能研究所的工作距离国家和人民对我们的要求还很远，我作为所长，工作做得很不够。在新的党委会里，我的年龄最大，而党龄最短，我感到惭愧，作为一个小小的分子，我决心贡献自己的力量。

我常常想，自己年龄大了，精力也有限，应该集中有限的精力，做好一两件事情；同时，我也认为，一些领导工作，应该让出来，让年轻一些的同志去做，他们会比我做得更好。1980年秋天，我向党委书记李毅同志提出准备辞去一部分职务，这样可以集中精力领导好科学研究工作。所党委对我的意见很重视，经研究后，决定给我配一名懂业务的专职秘书；把所里的一些日常组织工作，分给有关副所长去管，让我把主要精力和时间，用来考虑全所性的科研方向、方针、任务等重大问题，直接领导并参加第一线科研工作。这样我又工作了一段时间。

1982年4月，中央终于同意我不再担任第二机械工业部副部长的请求，任命我为科技委副主任；接着又同意我辞去原子能研究所所长的职务，任原子能研究所名誉所长，所长由原副所长戴传曾接任。我虽然不担任所长了，但我一直关心着原子能研究所（后来"所"改为"院"）的工作，那是我的"家"，我还经常到那里去工作、学习。1996年4月，原子能研究院成立王淦昌基础教育奖励基金会，我捐了3万元钱。

为和平利用核能而呼吁

　　前面我们曾经讲过，1932年，人们发现了中子。由于中子不带电，一些科学家就用中子来轰击^{235}U（铀）的原子核，结果在1938年，发现当铀原子核被中子击中后，会分裂成两个质量差不多的原子核，同时放出两三个中子。1946年，我国著名核物理学家钱三强和何泽慧，还发现铀原子核被中子打碎的时候，有一小部分铀原子核会分裂成三个原子核。这种原子核反应，就叫原子核的裂变反应。

　　裂变反应有两个特点：一是放出很大的能量。一个铀原子核裂变，可以放出200兆电子伏的能量，而一个电子伏等于一个电子在1伏特电场中加速所得到的能量。二是铀原子核裂变的时候，会放出两三个中子。如果把一定量的铀堆放在一起，放出来的两三个中子又去轰击其他的铀原子核，就会引起更多的铀原子核发生裂变，产生更多的中子。这样裂变反应就会连续不断地进行下去，规模越来越大，人们称它为"链式反应"。1942年，人类第一次实现了链式反应。这个反应是在叫作"原子核反应堆"的装置里进行的。利用原子核反应堆放出的热量进行发电，就是原子能发电，也叫核电。

核电有优越性。它用的燃料是铀，1000克铀235的原子核全部裂变释放出来的能量，相当于2700吨标准煤燃烧时放出的热量。用核电不仅可以节省大量煤炭、石油，而且还可以大大减少运输量。另外，核电也是一种干净的能源，它没有什么污染。

自从1954年苏联建成第一座核电站以来，世界上许多发达国家和地区都建起核电站，发展很快，已经建成和正在建造的核电站有600多座。我国大陆现在有两座核电站，一座在浙江海盐县的秦山，叫秦山核电站，这是我国自行设计、自行建造的30万千瓦压水堆型的核电站。秦山核电站是我和其他同志尽力促成的。还有一座是广东深圳的大亚湾核电站。这个核电站的设备是由法国成套引进的，规模是2×90万千瓦。

从发现裂变起，我一直关心着核能的和平利用，使核能造福于人类。世界上第一座核电站建成时，我就写文章进行宣传。这是很多科学家经历了半个世纪以上的钻研才获得的成果，我们应该珍惜成果，丰富成果。原子能用于和平建设，必定有着光辉的前途。1955年7月，我到苏联参加一个会议，顺便参观了原子能发电站。回来以后，我就写文章详细地介绍第一座原子能发电站的情况。1956年，我参加制订了我国科技发展12年规划中的和平利用原子能的规划。

1970年2月，上海市副市长到北京，向中央汇报了上海因为缺电，很多工厂开工不足的情况。周恩来总理非常关心这个问题，当时就明确指出："从长远看，要解决上海和华东用电问题，要靠核电。"他还说："第二机械工业部不能光是爆炸部，要搞原子能发电。"1974年3月31日，周恩来总理抱病主持召开中央专委会，批准上海市和第二机械工业部联合提出的建设30万千瓦压水堆核电站的方案。这项工程命名为"728工程"，因为是在1970年2月8日，周恩来总理第一次提出搞核电。但是，由于"文化大革命"，工程迟迟没能够开展。

1978年，我调到第二机械工业部任副部长。9月的一天，部里几位专家和我谈，他们都认为我国应该发展核电，但是由于缺乏长远规划和部门之间的意见分歧，工作不好开展。我听了立即提议向中央领导同志写信反映。这样，利用国庆节放假，我们几个人就聚集在第二机械工业部大楼值班室起草信稿。

这封信送给哪位中央领导呢？我想起了邓小平同志。我清楚地记得，在决定研制原子弹的方案时，担任中共中央总书记、国务院副总理的邓小平对我们说："大胆地干嘛，成功了是你们的，失败了是我们书记处的。"这番话使我受到很大的鼓舞。信写好了，我们5个人都郑重

王淦昌考察美国核电站（1983年）

地在信尾签上自己的名字。10月2日，这封信发出去了。

邓小平同志看到信后很重视，很快将信批转给有关部门，要求认真听取专家们的意见。1980年1月，中共中央发出2号文件，明确提出，核电建设不要分散地搞，应集中精力，全面规划，分工协作。和平利用原子能工作，应由第二机械工业部统一归口管理。这说明我们几个人写的信还是起作用的。

1979年2月，我以中国核学会理事长的身份，率领中国核学会代表团访问美国和加拿大，学习他们发展核电的经验。就在我们到美国考察的第二天，美国三里岛核电厂发生事故。有记者问我的看法，我毫不迟疑地告诉他们："在弄清事故的原因后，三里岛所发生的情况是可以避免的。"

我对核电的发展充满信心。在华盛顿各界华人欢迎核学会代表团的宴会上，我致谢词时再一次明确指出：发展核电事业是解决能源问题的正确方向，不应有所动摇。三里岛事件是可以避免的，核污染是可以防止的。

访问回来，6月，在第五届全国人民代表大会第二次会议上，我提出了《积极开展原子能发电及有关的研究工作》的提案。1980年11月，我应邀参加美国核学会年会。1984年3月，我出席日本原子工业讨论会第十七届年会。在这些会上，我都报告了我国核能发展的前景以及秦山核电站和大亚湾核电站的建设情况，与各国同行进行广泛交流，增进老朋友之间的友谊，结交新的朋友。与此同时，在国内我也通过写文章、做报告，积极宣传核电，以及我国发展核电的重要性。

1980年，中央书记处在中南海举办"科学技术知识讲座"，邀请中国科学院的专家给中央书记处和国务院的领导同志讲课。第一讲是《科学技术发展的简况》，由钱三强主讲；

第二讲是《从能源科学技术看能源危机的出路》，中国科学院有关领导安排了两位专家主讲。我听到这个消息，就主动找到中国科学院有关领导，向他们建议讲课中应增加核能的内容。我认为核能是当代能源发展的方向。他们采纳了我的建议，核工业部要我去讲核能问题。

为了讲好《核能——当代重要能源之一》这一课，我请连培生、李鹰翔和康力新三位同志帮助我准备。我们搜集了大量资料，反复修改讲稿，还做了几次预讲。为了使讲课生动形象，我们还制作了50张幻灯片，其中有一张幻灯片说明核电站可以建在大城市附近。

8月14日，核能讲座在中南海怀仁堂的一间会议室里开

中国核学会代表团访问美国加州大学LBL实验室。前排左三为王淦昌
（1979年11月）

讲，由胡耀邦同志主持，有130多位党中央、国务院及有关部门的领导人参加。我从原子核的裂变、聚变讲起，讲了核电站的安全性与经济性，提出我国发展核电是解决能源分布不均匀的最好途径，还讲了开发利用核能的五点建议。针对美国三里岛事故之后，许多人对核电的安全性有疑虑的情况，我专门说明了三里岛事故所以在西方引起反对核电的新高潮，它的背景很复杂，有各种政治、经济、社会、心理的因素在起作用，我们应做分析。

课后，在中南海吃午饭，胡耀邦同志让我坐在他旁边。他对我说："核电站不可怕，我是相信科学的，相信你们这些科学家。"他还说："所谓能源危机，其实就是科技危机。能源就在地球上，取之不尽。从历史发展看，总是新能源代替旧能源，关键是科学技术水平，也就是人类研究开发能源的水平。科学家的担子重啊！"他这番话，我觉得对我们科学家是鼓励，也是鞭策。

讲课后，有位领导提出："核电投资大，经济上是否划得来？"由于时间限制，这个问题没能及时回答。我觉得这个问题对领导决策有影响，回来后，立即找有关同志分析、计算，与连培生同志联名写了《关于核电站造价问题》一文，报送中央和有关方面的领导同志。

我国发展核电，走什么道路，当时有两种意见，争论很激烈。一种意见认为：90万千瓦核电站是国际成熟的技术，我国只要引进就行了，拿到图纸，就可以一台一台地投产，何必花力气去搞30万千瓦这种没有发展前途的东西呢？第二种意见就是我的看法。我始终认为，自行建造原型核电站很重要，中国发展核电的原则，应该是以自力更生为主，引进外国设备为辅。

　　经过反复调查研究和论证，国务院于1982年11月批准"728工程"建在浙江海盐县的秦山，以后就将其正式命名为秦山核电站。同时，在1982年底，国务院正式批准广东省电力公司与香港中华电力公司合营建设大亚湾核电站，从法国进口成套设备。陈云同志批示："不管广东核电站谈成谈不成，自己都要搞自己的核电站，再也不能三心二意了。"

　　1983年1月，国家计委和国家科委召开核能技术政策论证会。在会上有的部门的领导人说："我就是有意不讲'自力更生'，搞核电站与搞原子弹不一样。"我听了这话，不同意，在会上做了题为《在发展我国核电事业中正确处理引进和自力更生原则的问题》的发言。我说："我们不能用钱从国外买来

王淦昌访问美国马里兰大学时向校长赠送礼品（1987年）

1986年胡耀邦等领导会见核工业10位专家（前排右二为王淦昌）

一个现代化，而必须自己艰苦奋斗，才能创造出来……我们的头脑必须清醒，设备进口也好，技术引进也好，合作生产也好，这些统统是手段，目的是为了增强自力更生的能力，促进民族经济的发展。"我几次讲"百鸟在林，不如一鸟在手"。我强调建设30万千瓦我们自行设计的秦山核电站的意义重大，强调自己实践的重要。

1983年6月1日，秦山核电站终于破土动工了，但随之又传来要停止建设的声音。由姜圣阶（他是核化学家，核工业部科技委主任）主持，我又和其他一些专家共17人联名写了一封信，向中央领导和有关部门提出全国上下，通力合作，加快原型核电站建设的建议。建议得到中央领导批准，秦山核电站没有下马。

9月，我参加在加拿大举行的第四届太平洋国家核能会议。会上我发言强调：中国有基础、有能力依靠自己的力量，借鉴国外的经验，发展核电事业。我的发言受到各国代表的欢迎。1986年1月，国务院决定把核电站的工作，都交给核工业部统一管理和经营。1月21日，党中央领导在中南海怀仁堂会见了我和姜圣阶等10位专家，和我们谈我国核工业与和平利用核能问题。我谈了"加快我国核工业体系的建设""希望政府对核能的开发要有长远的安排""要研究快中子增殖堆和受控核聚变反应"。后来，《光明日报》把我的发言刊登出来。在会上李鹏同志明确指出："和平利用核能是我国发展核工业的根本方针……搞民用工业，要以核电为主。""搞核电，我们要走以自力更生为主，也引进外国先进技术的道路。"

我国的核电事业终于迈开了步子，秦山、大亚湾两座核电站的建设都已全面铺开，但是，我们总感到有些问题还没有从根本上解决，不免还有点担心。

王淦昌第三次视察秦山核电站（1989年）

1990年2月28日，我和钱三强、李觉、姜圣阶4个人联名给江泽民同志和李鹏同志写了一封信。信中写道："……我们4人虽都已高龄，但作为第一代核武器（两弹一艇）的参与者，有一件事情一直放心不下，就是如何把发展我国核电事业纳入国民经济整体发展规划之中，切切实实地进行研究和落实，使它能为下世纪中国能源问题做出积极贡献。我们有两条主要建议：一、发展核电一定要有战略决心和长远打算，及早制定我国核电发展中长期计划，并纳入国家'八五''九五'计划。二、尽快落实核电发展基金，建立稳定的核电建设资金渠道。"另外我们还提出了4点具体意见，这里就不细说了。江泽民同志很重视，做了批示，李鹏同志亲自给我们复了信。

对核电站的建设，我很关心，到秦山核电站工地去过好多次。每次到上海开会或者有什么事，我都要到秦山去看看。

王淦昌（左二）在秦山核电站了解设备安装情况（1989年10月）

每次我都叮嘱他们：秦山核电站是我国第一座主要靠自己的力量建设的核电站，必须保证质量，保证安全，为我国核电事业闯出一条道路。秦山核电站并网发电后，我到那里去过两次，检查运行情况。大亚湾核电站施工期间，我也几次到那里检查工作。1994年年底，我到深圳开会，还专门去大亚湾看了两座核电机组的运行情况，并在那里合影留念。

我国核电事业在发展：秦山核电站2×60千瓦核电的二期工程1994年开工；广东也在积极筹建第二个核电站，连云港也要建设核电站，厂址已经定下来了。我们这一代人都老了，中国自己设计建造更多的核电站的担子，将落在年轻一代，以及现在的青少年朋友们肩上，这是一个光荣的使命，也是一个艰巨的任务。努力吧，青少年朋友们。

"863计划"的诞生

　　青少年朋友们，你们可能还没有听说过"863计划"这个词，让我给你们大概地说说吧！

　　1983年，美国总统里根提出了"星球大战计划"，目的是对当时的苏联显示威慑力量，同时也是为了发展高科技，争取继续在世界上领先。这个计划一出世，就在全世界引起震动。针对美国的行动，西欧提出了"尤里卡计划"，日本、苏联也都有相应的对策。那么，我们国家应该采取什么对策呢？怎样使我国现代化事业在新形势下继续前进，跟上世界先进水平？

　　光学家王大珩、电子学家陈芳允、自动控制专家杨嘉墀和我在一起对这个问题进行研究。他们3人都是国际宇航科学院的中国院士，也是中国科学院院士。我们4个人花了很多精力，进行分析和论证，形成了一些看法。1986年3月2日，我们联名向党中央提出了《关于跟踪研究外国战略性高技术发展的建议》，主要有以下几点：

　　1. 对于影响国力的高技术，强调一个"有"字，而不从数量上和规模上向工业先进国家看齐，这是出于我国经济实力的考虑。"有"与"没有"，大不一样。我们有了原子弹，卫星上了天，才有今天的国际地位，但我们的原子弹和卫星在数量上和规模上与美国、苏联不好比的，也不必去比。

2．通过有限目标，在高技术上起带动一片的作用，而不是全面铺开，以取得高效率。

3．对国际进展积极跟踪。意思是说要通过科学实践，摸清关键，在实践中也要有新创造，争取能进入国际同行的俱乐部，得到交流的机会。

4．充分发挥多年来在发展尖端技术过程中培养出的技术骨干的作用。他们是国家的宝贵财富。要通过有形的项目，培养新生力量，为跨世纪的发展做好准备工作。

1984年王淦昌参观联邦德国加兴等离子体研究所（左为威托斯基所长）

总之，要以有限的投入，取得最大的效益，并且培养后继人才。

仅隔两天，即3月5日，邓小平同志就在建议书上批示："这个建议十分重要。""此事宜速作决断，不可拖延！"中共中央、国务院在1986年11月18日发出了《高技术研究发展计划纲要》的通知。由于促成这个计划的建议的提出和邓小平的批示都是在1986年3月进行的，这个由科学家和政治家联手推出的"863计划"一下子就叫响了。

这就是举世瞩目的"863计划"，是一个国家规模的战略性高科技发展计划。

在"863计划"中，国家选择了对中国未来经济和社会有重大影响的生物技术、航天技术、信息技术、激光技术、自动化技术、能源技术和新材料等领域，作为突破重点，在几个重要的技术领域跟踪世界水平，力求缩小我国与先进国家间科学技术水平的差距，在有优势的高技术领域创新，解决国民经济急需的重大科技问题。

1987年春天，"863计划"开始实施。经过几年的努力，我国现在已经有了一支精干的国家高技术研究队伍，并且取得了一大批重要成果，在一些重大关键技术攻关上有了突破。现在我国的高技术研究，不仅跟踪世界先进水平，而且转向创新。

1988年8月，我到意大利参加战争与和平国际会议。在会上，美国宣布：通过地下核试验，使核爆炸产生的X光能量部分转换为惯性约束核聚变研究所需要的辐射，并对惯性约束核聚变间接驱动原理进行了验证。我听到这个消息很兴奋。以前，惯性约束核聚变只是处在科学可行性研究阶段，而现在已经得到肯定。

回国以后，我想应该给中央领导建议，在"863计划"中增加"激光惯性约束核聚变"专题。我找北京应用物理与计算数学研究所主管这项研究工作的贺贤土研究员讨论。我们讨论应该怎样把中国激光惯性约束核聚变的研究向前推进；我们应怎样向中央领导讲清目前国际上的发展状况，我国在这方面的基础，以及从事这项研究的意义。

对这件事，我反复思考，越想越明确，决心越大。11月13日一清早，我就给王大珩打电话，请他起草一封给中央领导的信，请求增加对惯性约束核聚变研究的投入，以加快工作步伐，争取在世界上占有一席之地。最后这封给中央领导的信，在1988年12月12日署上我、王大珩、于敏3个人的名字，发了

提出"863计划"的4位科学家，右起：王淦昌、杨嘉墀、王大珩、陈芳允

出去。

我们在信中说："由核裂变反应而导致的原子能和平利用，是核时代的第一个里程碑；由氢弹导致核聚变能的可控利用，则是核时代的第二个里程碑。"那么，为什么我国应该积极跟踪激光惯性约束核聚变这一高技术呢？我们写了三点意见：

1. 从人才来讲，无论是从激光技术，还是核聚变方面，我国经过多年的实践，有了一支相当优秀的理论及实验队伍。这支队伍需要继续发挥作用，从事下一阶段的前沿工作。

2. 鉴于我国的经济实力有限，不可能在这个领域里完全领先，但我们应积极争取时间，使这一重大高技术科研不致贻误，而像原子弹、氢弹那样，进入国际行列。

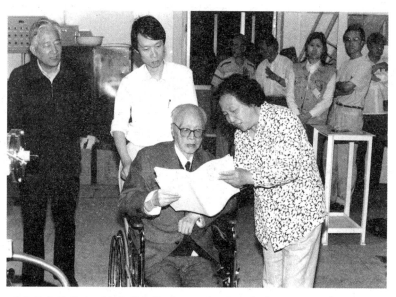

王淦昌生前最后一次坐着轮椅到原子能研究院实验室听取汇报（1998年5月）

3．循序渐进，做到少花钱，多办事。

我们的建议，得到中央领导的重视。1989年1月5日，李鹏同志让秘书通知我，他将在近期内安排时间，听取我们的汇报。我马上把这个消息告诉王大珩、贺贤土，并约请他们到我家来商量汇报的事情。我们商定由我先汇报建议提出的背景，王大珩讲光学部分，于敏讲物理部分。汇报要尽量浅显易懂，对国内外的研究状况做仔细比较，并且准备一些透明胶片。

汇报安排在1月26日下午，在中南海举行。我、王大珩、于敏、邓锡铭、贺贤土5人参加了汇报。李鹏同志很关心惯性约束核聚变的前途，提了许多问题，我们都认真解答。

1993年初，"惯性约束核聚变"终于作为一个独立的主题，列入了国家"863计划"。现在参加这项研究的大约有1000人，新的成果不断涌现。

记得是1992年5月31日，钓鱼台国宾馆举行了"中国当代物理学家联谊会"，李政道教授也前来参加。会上，他问我："王老师，在您所从事的众多研究工作中，您认为哪一项是您最为满意的？"我告诉他："我自己对在1964年提出的激光引发氘核出中子的想法比较满意。"因为这在当时是一个全新的概念，而且这种想法还引出了后来成为惯性约束核聚变的重要科研题目。惯性约束核聚变一旦实现，人类将彻底解决能源问题。

现在，我们就在做激光惯性约束核聚变方面的研究，下面我来讲讲这项工作的故事。

我们知道，获得原子核能有两个办法，就是核裂变和核聚变。根据测定，核聚变产生的能量比核裂变大，而且不会产生核裂变那样强的放射性。更为重要的是，核聚变的主要燃料氘（还记得吧，氘和氚是氢的同位素），可以从占地球面积四分之三的海水中提取，真可以说是"取之不尽，用之不竭"。而核裂变的主要燃料是铀，它是从铀矿中提炼出来的，地球上铀的蕴藏量有限。

其他能源，如煤和石油，其蕴藏量也有限，还有太阳能、风能、潮汐能等，要想大规模地利用它们，有很多困难。所以，核聚变能作为一种新的能源，将使人类从根本上摆脱能源缺乏的困境。可控核聚变的研究，是一项造福人类的大事。

激光是20世纪60年代出现的重大科技成就之一。1951年，美国物理学家汤斯和苏联物理学家巴索夫、普罗霍洛夫在爱因斯坦的受激辐射理论基础上，分别独立地提出了"微波受激辐射放大"的概念。汤斯和他的学生在1953年12月研制出了微波量子放大器。1958年，汤斯和肖洛以及普罗霍洛夫分别提出了在一定条件下，量子放大器的原理也适用于像可见光这样短波长的电磁波。

1960年，美国物理学家梅曼决定实现汤斯的预言，5月，他研制成一个红宝石的圆柱体，该圆柱体发射出一束光，这就是第一个"莱塞"装置，"莱塞"也叫"激光"。汤斯、普罗霍洛夫和巴索夫，由于在激光发现过程中做出的贡献，共同获得1964年诺贝尔物理学奖。

那时候，我在杜布纳联合原子核研究所工作，回国又投入到第一颗原子弹的研制中，对激光的出现，没有太注意。有一次在北京开会，复旦大学教授、物理学家谢希德问我激光是怎么回事，我说我不清楚。后来我学习了关于激光的一些知识，知道这种光的强度特别大，有方向性，单色性好，也就是说光束中所有的光都具有相同的波长。该光还具有相干性，就是说这种光传播的时候不会散开，几乎始终保持一窄束光的形态。

我对激光的强度大、方向性好这两个特点特别感兴趣。

我想：如果把激光与核物理两者结合起来，应该可以发现有趣的现象。当时，原子弹已经爆炸成功，下一步研制氢弹，我就结合氢弹的研制，对这个问题进行了深入的思考。

我设想：可以用激光打击氘冰，看看是不是有中子产生。我把这个设想，写成《利用大能量大功率的光激射器（即激光)产生中子的建议》。可以说，这就是用激光打靶实现惯性约束核聚变最初的设想。我的论文没有在刊物上发表，而是送给了国务院领导。差不多在这同时，苏联物理学家巴索夫也提出了类似的设想，真是不约而同。

从理论上讲，用激光打氘冰是可以出中子的，问题是怎样通过实验来证明这是可能的呢？事情也凑巧，1964年12月，我在北京参加第三届全国人民代表大会。其间，遇到中国科学院上海光机所的邓锡铭副研究员，他们正在研制高功率激光器。他听了我的设想，非常高兴，说："这是实现激光应用的一条重要路子。"他回上海后，我又把我的论文寄给他。年底，邓锡铭把我的设想向当时的中国科学院副院长张劲夫做了汇报。张劲夫很赞成，很支持。于是，上海光机所为激光核聚变研究设立了实验室，组织人员进行实验。

邓锡铭他们想了许多办法，以增大激光的能量。1965年10月，他们的激光器输出功率达到109瓦。在实验中，他们第一次观察到从靶面发出的X射线穿过铝箔，使底片感光，这在国际上属于最早的实验成果之一。1965年冬天，邓锡铭他们到北京来向我汇报实验进展情况，我听了很高兴。

一个科学设想的实现，一定要有过硬的实验结果来保证。我向他们了解实验的每一个细节，那几天，我天天晚上骑自行车到他们住的友谊宾馆，和他们讨论一些科学问题，还在友谊宾馆开了一个小型的激光核聚变座谈会。大家提出许多好的设想，我也正好乘机向他们请教一些属于激光科学范畴的概念。应该说，我国对于激光惯性约束核聚变的预研，起步是比较早的，那时候，英国、法国、日本和联邦德国都还没有动手哩。

可是，由于"文化大革命"，这项研究工作停止了。这一耽误就是七八年，而在这几年中，外国远远地超过了我们。

1973年，我终于又收到从上海光机所发来的电报，邓锡铭他们测到了中子。我真是高兴极了。但是冷静下来仔细分析他们的测试方案，我发现他们实验用的中子探测器是核乳胶片，核乳胶片即使在没有激光照射氘冰的情况下也可能有中子痕迹。我怕他们搞错了，大家空欢喜一场，就派九院的中子测

王淦昌参加正负电子对撞机奠基典礼（1984年）

试专家王世绩到上海去一趟，重新做实验。王世绩带了两种很可靠的中子探测器，经过仔细测量，证实确实是激光引出的中子，大家的心里踏实了，信心也更足了。

通过一段时间的工作，我看到上海光机所从事激光科学研究的同志和第二机械工业部九院从事等离子体物理理论研究和诊断、测试工作的同志，工作都很努力，而且都取得了成绩，心里又高兴，又不大满意。为什么呢？因为激光惯性约束核聚变的研究包括激光器的研制、物理实验、理论模拟、诊断设备研制和靶的制备等多方面的工作。如果这两个单位能够发挥各自的优势，互相紧密合作，形成强有力的科研集体，那么激光惯性约束核聚变的工作会进展得更快，否则，两个单位的工作都不会有大的提高。也就是说，合则成，分则败。

你们听说过瞎子背瘸子的故事吗？瞎子看不见路，瘸子走路不方便，他们合作，走路就快了。这个比喻不一定很恰当，我是想借这个故事来说明两个单位合作，将会使激光惯性约束核聚变研究加速发展。我反复对他们说："搞激光核聚变研究，我们不应当搞杂牌，而应当搞一个牌子，那就是'中国牌'。"

中国科学院和第二机械工业部的领导都支持我的想法，张劲夫副院长尽力促进两个单位联合。1977年10月，我以第二机械工业部九院副院长的身份，带领一些搞等离子物理理论和实验的科技人员到上海光机所，和他们商谈合作研究激光惯性约束核聚变的问题。我们在上海光机所待了一个月，大家对如何开展这项工作进行了广泛的讨论，都同意联合起来进行研究。经过讨论，确定以物理工作带动激光器的研制，以钕玻璃激光器的研制为工作突破点。

联合实验室建立起来了，我经常提醒他们，建激光装置，就要做物理实验，拿到物理成果才是最重要的。联合实验室的工作安排得很紧，1980年，建成了功率1000亿瓦六路钕玻璃激光装置，以后每年他们都要做几次物理实验，有一批激光等离子体物理实验结果，在国际学术会议或国外重要学术刊物上发表。

在这期间，我请清华大学的老校友、光学专家王大珩也参加到研究激光惯性约束核聚变的行列中来。我们两人紧密合作，共同带着这支核科学和激光方面的科研队伍，推动研究工作向前发展。

考虑到激光装置功率的提高对开展激光惯性约束核聚变有重要的意义，1980年，我们提出了联合建造功率为1万亿瓦的激光装置的设想。在进行技术论证和预研阶段，我们坚持从

王淦昌在家中会见杨振宁教授（1997年）

王淦昌在加拿大温哥华(1983年11月)

难、从严要求，强调预研工作的好坏，对装置的建设有举足轻重的作用。我们亲自主持物理概念设计方案、技术设计方案等一系列论证会。1万亿瓦的大型激光装置，只用了三年半的时间就基本建成了。

经过两年多的运行考核和打靶实验，1987年6月该设备通过了国家级鉴定，被正式命名为"神光"装置。参加鉴定的专家们认为："神光"装置是我国激光技术发展的重大成就，达到了国际同类装置的先进水平，并有若干独创性成果，它是我国跟踪世界高技术领域的一个范例。它的建成为进行世界前沿领域的激光物理实验提供了有力的手段，对国防尖端科研和国民经济也有重要意义。

中国工程物理研究院的同志，利用"神光"装置，在惯性约束核聚变方面，取得了一批国际一流水平的成果。1987年8月8日，聂荣臻元帅给我和王大珩写了一封信，信中说："在建军60周年的喜庆日子里，感谢你们又告诉我一个喜讯：激光核聚变实验装置已经建成。这对我国国防和经济建设都有重要意义，很值得祝贺。整个工程体现了自力更生和勤俭节约的原则，更值得赞扬。你们和许多同志多年来为祖国的科技事业的发展，为国防力量的增强，精勤不息，贡献殊多。现在又在高技术领域带头拼搏，喜讯频传，令人高兴。请转达我对同志们的敬意和祝贺！"

同志们听说聂荣臻元帅关心激光核聚变工作，很受鼓舞。他们不满足已经取得的成绩，又对"神光"装置进行升级改造，还准备建设一个新的大型激光装置，为开展惯性约束核聚变研究，提供更好的条件。

搞激光核聚变研究，我自己还有"自留地"哩！我的"自留地"就是原子能院17室（原称14室）。前面说过，1978年我调到原子能研究所后，在年底成立了惯性约束核聚变研究组，后来扩建为研究室，以进行电子惯性约束核聚变研究。经过一段时间的工作，电子束打靶的温度约为几个电子伏。我注意到世界上一些大型强流电子束打靶的温度，也没有太大的提高，使人感到前景不很乐观。

1983年前后，国际上的同行把原有的电子束加速器改装后，从事轻离子束核聚变和内爆等离子体的研究。我也曾想到开展离子核聚变研究，但争取不到经费。我提出开展强流电子束泵浦氟化氪激光研究。下这样的决心很不容易，那时我已经80岁了，很清楚转变研究方向是要付出代价的。经过周密的思考，我认为用氟化氪激光作为惯性约束核聚变的驱动器，原理上有很大的优越性，相对来说，花费比较少。

室里一些同志对粒子束核聚变研究不愿放弃，我很理解，他们花费了心血和劳动，已经取得了一定成绩，再说也没有成果证明粒子束核聚变不行。所以，我不强求所有人都接受我的主张，只希望能有开展氟化氪激光研究的条件。我亲自去图书馆查阅有关氟化氪激光的发展情况等有关的文献资料。我和王乃彦一起，带领3位研究生，又从核工业部三院请来诸旭辉同志，我们就把氟化氪激光核聚变的研究开展起来了。我想，这些研究生年纪轻，接受新事物快，把他们培养出来，一定能够使这项研究工作顺利地进行下去。

　　我每次到原子能研究院去，都请这几位研究生一个一个来汇报工作进展情况，和他们讨论问题，告诉他们应该学习哪些文献。有一次我生病住院，王乃彦带他们到医院来汇报工作，谈了一下午，护士小姐都有意见了，而我很高兴。我对护士说："这比吃药的好处还大。"这些研究生工作、学习都很努力，业务能力提高很快。

　　通过改造原来研究粒子束核聚变的加速器，并配上氟化氪准分子激光振荡器，1985年初，一台电子束泵浦氟化氪激光器研制成功，激光输出能量达到13焦耳。这个能量在国内是

王淦昌（右一）随四川人大代表团部分同志看望聂荣臻（1985年5月）

领先的。

在这么短的时间内，能够在一个新的领域取得如此的成绩，真使人欢欣鼓舞。紧接着，我们又向百焦耳级氟化氪激光器的目标奋斗。到1990年底，百焦耳级准分子激光器研制成功，准分子激光输出能量达到106焦耳，使我国成为继美国、英国、日本、苏联之后，具有百焦耳级氟化氪激光器的国家。我国的准分子激光器的研究，已经步入了国际先进行列。

现在，原子能研究院17室，已经建设成为我国氟化氪准分子激光技术及氟化氪激光惯性约束核聚变研究的一个重要基地。研究准分子激光的同志们，为了得到高功率、高性能的氟化氪激光器，为了实现可控核聚变，在进行着新的探索。

我至今仍经常到原子能研究院去，那里也是我的"家"。我到那里查文献、看书，还到研究室去。我已经是90岁的老人

在纪念王淦昌90寿辰暨学术报告会上，温家宝向王淦昌祝贺（1997年）

了，动手不行，但指点指点，和年轻人讨论一些科学问题，还是可以做到的。我将尽我最大的努力，和同志们一起，为受控核聚变这项造福人类的科学研究继续奋斗。

值得高兴的是在国家的"863计划"中，氟化氪准分子激光核聚变的研究，也被列入惯性约束核聚变项目中。我对可控核聚变充满信心。当然，这项工作还需要较长时间的努力和较大的投入，我可能看不到可控核聚变的实现了。但是，我相信现在的青年人一定能够看到，也一定会在这方面做出惊人的成绩。

王淦昌在图书馆查阅资料

后记

　　故事就讲到这里。你们看了以后，就知道我这个人很平常，小时候家境不好，父母早逝，靠外婆和哥哥抚养长大。成年后，又遇到战争，别的事情不会做，就去教书，也做一点研究工作。新中国成立了，在中国共产党的领导下，才能够做我想做的研究工作，为祖国的社会主义建设尽自己一份力量。

　　我没什么值得夸耀的，但有一点可以说一说，就是我好动，肯动手，喜欢做实验。现在我90岁了，只要有可能，我还做实验。我脑子里总存放着一些问题，想啊，想啊，一个问题想不通，就去想另一个问题。有机会我就向别人请教，不论他是科学家，还是我的学生，都抱着向人家学习的态度。一个人懂的知识太少了，应该互相学习，互相启发。所以，我能够不断地学到一些新东西。

　　我总是有许多想做的事情。1984年4月18日，德国柏林大学授予我一份荣誉证书，纪念我在柏林大学获得博士学位50周年。据说这项荣誉是为获得学位50年后仍然奋斗在科学第一线的科学家而设立的，我能获得这个荣誉，感到很高兴，这是对我的鼓励。

　　我的缺点很多，就学术上讲，我做事、研究都不深不透，其次是不懂理论，不懂电子学，更不懂计算机，这些对我的科学研究工作是很大的障碍，但现在已无可奈何。"少壮不努力，老大徒伤悲"，这句古语我现在体会更深。希望青少年朋友们以我为鉴，做比我更多的工作，做得比我更好。最后，我送给你们三句话：

　　　　知识在于积累，
　　　　才智在于勤奋，
　　　　成功在于信心。

王淦昌
1997年9月

王淦昌在家中

出版说明

　　《大科学家讲的小故事》丛书有五册，是在1997年的纯文本基础上添加图片、修改文字而成。纯文本图书上市后，受到读者喜爱，产生很大社会影响，1998年先后获第四届"国家图书奖"和中宣部"五个一工程·一本好书"奖。

　　十年过去，丛书作者苏步青、王淦昌、贾兰坡、郑作新、谈家桢等大科学家先后离开人世。今天重读大师作品，仍然感动。本次出版基本保持原书文字，每种图书增加数十帧照片，使图书更通俗，更具史料价值。

　　让我们在阅读中感受大科学家们热爱祖国，无私奉献的高尚品德。

编者

2009年9月

图书在版编目（CIP）数据

无尽的追问/王淦昌著.—长沙：湖南少年儿童出版社，2009.11（2023.12重印）
（大科学家讲的小故事丛书：插图珍藏版）
ISBN 978-7-5358-4928-1

Ⅰ.无… Ⅱ.王… Ⅲ.核物理学-青少年读物 Ⅳ.O571-49

中国版本图书馆CIP数据核字（2009）第210672号

无尽的追问

责任编辑：冯小竹
装帧设计：多米诺设计·咨询 吴颖辉

出版人：刘星保
出版发行：湖南少年儿童出版社
地址：湖南长沙市晚报大道89号 邮编：410016
电话：0731-82196340（销售部） 82196313（总编室）
传真：0731-82199308（销售部） 82196330（综合管理部）

经销：新华书店
常年法律顾问：湖南崇民律师事务所 柳成柱律师
印制：湖南天闻新华印务有限公司
开本：880mm×1230mm 1/32
印张：5.75
版次：2010年1月第1版 印次：2023年12月第43次印刷
定价：15.00元